大数据时代计算机基础及数据处理技术研究

阮红明 著

中国建材工业出版社

图书在版编目（CIP）数据

大数据时代计算机基础及数据处理技术研究/阮红明著. --北京：中国建材工业出版社，2023.11
ISBN 978-7-5160-3936-6

Ⅰ.①大… Ⅱ.①阮… Ⅲ.①电子计算机－研究②数据处理－研究 Ⅳ.①TP3②TP274

中国国家版本馆 CIP 数据核字（2023）第 225509 号

大数据时代计算机基础及数据处理技术研究
Dashuju Shidai Jisuanji Jichu ji Shuju Chuli Jishu Yanjiu
阮红明　　著

出版发行：中国建材工业出版社
地　　址：北京市海淀区三里河路 1 号
邮　　编：100044
经　　销：全国各地新华书店
印　　刷：北京传奇佳彩数码印刷有限公司
开　　本：787mm×1092mm　1/16
印　　张：9.25
字　　数：123 千字
版　　次：2024 年 5 月第 1 版
印　　次：2024 年 5 月第 1 次
定　　价：59.80 元

前　言

　　近年来，随着互联网和数字信息技术的深入发展，数据成为决定国家、地区、企业竞争力的重要战略资源和关键生产要素，已快速融入人们生产、生活的各个领域。席卷全球的数字化浪潮，不仅深刻展示了世界发展的未来前景，也对人类经济社会发展产生了深远的影响，成为重新塑造全球经济格局的重要力量。随着我国数字经济的深入推进，数字化场景逐渐渗透到人们工作、生活、学习的各个环节，对经济社会发展的引领支撑作用日益凸显。这也意味着，大数据时代的计算机信息处理技术拥有了更加丰富的内涵，以计算机应用为基础的信息素养正日益向更为系统的数字素养和技能转变。数字技能成为每个公民必备的基本技能之一，甚至是获取其他技能的先决条件，应该受到更多的重视。

　　《大数据时代计算机基础及数据处理技术研究》一书共六章，分别为大数据概述、计算机的基础知识、数据相关知识论述、计算机中数据的表示、数据处理工具、数据分析。本书针对计算机及相关专业学生的发展需求，全面深入地探析了大数据时代计算机及数据处理技术的基本知识和技能，遵循"实用、简明"的原则，由浅入深，注重内容的连续性和系统性，可以作为高等院校计算机、信息管理等相关专业的人员参考。

　　在编写本书的过程中，笔者查阅和借鉴了大量的相关资料，在此向其作者表示诚挚的感谢。此外，本书在编写的过程中，得到了相关专家和同行的支持与帮助，在此一并致谢。由于水平有限，书中难免出现纰漏，恳请广大读者指正。

目　录

第 1 章   大数据概述

"大数据",或称之为海量数据,一般指所含的数据集规模巨大,现在大众的软件工具无法在合理的时间进行采集、存储、分析管理的数据信息。因其在各个行业的广泛应用,使之关注热度近年来居高不下。作为人们获得新的认知、理念和创造价值的源泉,大数据的数据来源可以囊括我们从日常生活中可以普遍见到的上传到网页上的图像、视频、录音,高速公路上车辆与收费记录,日常监控录像,医院的治疗病例,高端的基因测序,天文学中通过望远镜收集的信息数据等。

1.1   大数据的概念

大数据这个词最早出现在 1980 年美国著名未来学家托夫勒所著的《第三次浪潮》中,他将大数据热情地称颂为"第三次浪潮的华彩乐章"。在 2008 年 9 月,《自然》杂志推出了名为"大数据"的封面专栏。2009 年开始"大数据"才成为互联网技术行业中的热门词汇,被世人推崇讨论。从 1980 年到 2017 年,尽管大数据的发展已有 30 多年的时间,但目前对于大数据仍没有一个统一的、完整的、科学的定义。

1.1.1   狭义的大数据概念

受早期研究者将数据视作一种工具思想的影响,很多研究机构和学者一般将其作为一种辅助工具或者从其体量特征来进行定义。

高德纳(Gartner)咨询管理公司数据分析师 Merv Adrian 认为,大数据是一种在正常的时间和空间范围内,常规的软件工具难以计算、提出相关数据分析的能力。

— 1 —

作为大数据研究讨论先驱者的咨询公司麦肯锡,2011 年在其大数据的研究报告《Big Data：The next frontier for innovation，competition and productivity》中根据大数据的数据规模来对其诠释,它给出的定义是：大数据指的是规模已经超出了传统的数据库软件工具收集、存储、管理和分析能力的数据集。需要指出的是,麦肯锡在其报告中同时强调,大数据并不能音译为超过某一个特定的数字,还是超过某一个特定的数据容量才能命名为大数据,大数据随着技术的不断进步,其数据集容量也会不断增长,行业不同,也会使大数据的定义不同。

电子商务行业的巨人亚马逊的专业大数据专家 John Rauser 对大数据的定义：大数据,指的是超过了一台计算机的设备、软件等处理能力的数据规模、资料讯息海量的数据集。

简以概之,对于大数据的狭义理解,研究者大多从微观的视角出发,将大数据理解为当前的技术环境难以处理的一种数据集或者能力；而从宏观方面进行定义的,目前则还没有提出一种可量化的内涵理解,但多数都提出了对于大数据的宏观理解概念,需要保持着其在不同行业领域是不断更新、可持续发展的观念。

1.1.2　广义的大数据

以对大数据进行分析管理,挖掘数据背后所蕴含的巨大价值为视角,对大数据的概念进行定义被认为是广义大数据的概念。

维基百科对大数据给出的定义是：巨量数据,或称为大数据、大资料,指的是所涉及的数据量规模巨大到无法通过当前的技术软件和工具在一定的时间内进行截取、管理、处理,并整理成为需求者所需要的信息进行决策。

被誉为"大数据时代的语言家"的维克托·迈尔－舍恩伯格、肯尼思·库克耶在其专著《大数据时代：生活、工作与思维的大变革》中对大数据的定义为：大数据是人们获得新的认知、创造新的价值源泉；大数据还未改变市场、组织机构,以及政府与公民关系服务。他还认为大数据是人们在大规模数据的基础上可以做到的事情,而这些事情在小规模的数据基础上是无法完成的。

IBM 组织(International Business Machines Corporation,国际商业机器公司或万国商业机器公司)对于大数据的定义则是从大数据的特征进行诠释,它认为大数据具有 3V 特征,即数据量(Volume)、种类(Variety)和速度(Velocity),故大数据是指具有容量难以估计、种类难以计数且增长速度非常快的数据。

国际数据公司(IDC)则在 IBM 的基础上,根据自己的研究,将 3V 发展为 4V,其认为大数据具有四方面的特征:数据规模巨大(Volume)、数据的类型多种多样(Variety)、数据的体系纷繁复杂(Velocity)、数据的价值难以估测(Value)。所以 IBM 对大数据的定义为:大数据,指的是具有规模海量、类型多样、体系纷繁复杂并且需要超出典型的的数据库软件进行管理且能够给使用者带来巨大价值的数据集。

通过对关于大数据的定义进行梳理可以发现,大多研究机构和学者对大数据的定义普遍是从数据的规模量以及对于数据的处理方式来进行的,且其数据的定义也多是从自身的研究视角出发,因此,对于大数据的定义可谓是"仁者见仁,智者见智"。

本书在参照了学术领域及各个研究机构和行业的基础上,将大数据定义为:大数据,指在信息爆炸时代所产生的巨量数据或海量数据,并由此引发的一系列技术及认知观念的变革。它不仅仅是一种数据分析、管理以及处理方式,也是一种知识发现的逻辑,通过将事物量化成数据,对事物进行数据化研究分析。大数据的客观性、可靠性,既是一种认识事物的新途径,又是一种创新发现的新方法。

1.2　大数据的特征

特征是对某一类事物区别于其他事物特性的抽象结果总价。对于大数据的特征的全面理解至少应从大数据的数据特征、技术特征以及其应用特征三方面进行。当前对于大数据的特征较为流行的是参照 IDC 的 4V 特征(数据类型(Variety)、速度(Velocity)、体量(Volume)、数据价值(Value))四个方面来理解。本书在此参照当前的主流说法,按照 4V 特征来理解大数据,即大数据体量巨大(Volume)、数据种类繁多(Variety)、数据处理与流动速度快(Velocity)、数据价值密度低(value)。

1.2.1　大数据体量巨大

当万物皆数变成为万事皆数,我们的世界已逐渐被数据包围。按照数据的储存对象,可分为环境数据、医疗数据、金融数据、交通数据等。按照数据的结构,我们存储的数据除了结构化数据外,还包括各类非结构化数据(音像、方位、点击流量),半结构化数据(电子邮件、办公处理文档)等。衡量数据的有关的数据量单位在数据从 MB 转向 TB 转向 PB,甚至逐渐地转向 ZB,以及今后会出现的更高级别的数据量级别。人类社会的数据规模正在不断地刷新一个又一个的级别。在此了解一下几个关于数据衡量单位的知识:

1B＝8bit＝一个字符或是一粒沙子

1KB＝1024Byte＝一个句子或是一撮沙子

1MB＝1024KB＝一本小书或是一个大汤勺沙子

1GB＝1024MB＝书架上 9 米长的书或是整整一鞋盒子沙子

1TB＝1024GB＝300 小时的视频或是一个美国国会图书馆存储容量的十分之一

1PB＝1024TB＝35 万张数字照片或一片 1.6 千米长海滩的沙子

1EB＝1024PB＝从上海到香港之间海滩的沙子

1ZB＝1024EB＝全世界所有沙滩沙子之和

数据量巨大是大数据的基本属性。互联网、物联网、社交网络、科学研究等源源不断产生的数据使得数据的规模呈现爆炸式的增长。

1.2.2　大数据类型多样

数据类型多样、复杂多变是大数据的一个重要特性。多样性的大数据也正是大数据价值所在,多样化的数据类型和数据来源,为分析数据间相关性,挖掘数据间的价值提供了可能。

随着物联网、智能终端以及移动互联网的飞速发展,各类组织中的数据也变得更加复杂,因为它不仅包含传统的关系型数据,还包含来自网页、互联网日志文件(包括点击流数据)、搜索索引、社交媒体论坛、电子邮件、文档、主动和被动系统的传感器数据等原始、半结构化和非结构化数据。

数据格式的多样化与数据来源的多元化为人类处理这些数据带来了极大的不便。大数据时代所引领的数据处理技术,不仅为挖掘这些数据背后的巨大价值提供了方法,也为处理不同来源、不同格式的多元化数据提供了可能。

以往的数据量尽管巨大,但大多以结构化数据为主。这种数据一般运用关系型数据库作为工具,通过计算机软件和设备很容易进行处理。结构化数据是将某一类事物的数据数字化以便于我们进行存储、计算、分析管理方式而进行抽象的结果。在某种情况下可以忽略一些细节,专注于选取有意义的资讯信息。处理这类数据,只需确定好数据的价值,设置好各个数据间的格式,构建起数据间的相互关系,进行保存即可,一般不需要进行更改。数据世界发展到目前,使得非结构化数据超越结构化数据,非结构化数据具有大小、内容、格式等结构不同,不能用一定的结构来进行框架的特点。人们日常工作中接触的文件、照片、视频,都包含大量的数据,蕴含大量的信息。非结构化数据的出现,为人们迅速、方便地处理数据带来了很大的挑战。

1.2.3　数据处理与流动速度快

如果将大数据的速度仅限定为数据的增长率的话就错了。这里的速度应动态地理解为对数据的处理速度与数据的流动速度。大数据对数据的处理要求为马工枚速,这也是大数据与传统数据处理特点不同之处。

智能终端、物联网、移动互联网的普遍运用,个人所产生的数据,都会使数据呈现爆炸式的增长。新数据不断涌现,旧数据的快速消失,都为对数据处理的要求提供了硬性的标准。只有做到对数据的处理速度跟上甚至是超越大数据的产生速度,才能使得大量的数据得到有效利用,否则不断激增的数据不但不能为解决问题带来优势,反而成了快速解决问题的负担。在数据处理速度方面,有一个著名的"1秒定律",即大数据下,很多情况下都必须要在1秒钟或者瞬间形成结果,否则处理结果就是过时和无效的。对大数据要求快速、持续的实时处理,也是大数据与传统海量数据处理技术的关键差别之一。

此外,数据不是静止不动的,而是在移动互联网、设备中不断流动的,数据的流动消除了"数据孤岛"现象,通过数据如水一般在不同的存储平台之间自由流动,将数据在合理的环境下进行存储,可以使各类组织不仅能够存储数据,而且能够主动管理数据。但也应该看到,对于这样的数据,仍然需要得到有效的处理,才能避免其失去价值。

1.2.4　数据价值密度低

数据采集的不及时、样本的不全面、数据的不连续、数据失真等问题都会导致大数据的价值密度低的问题。但数据的价值密度低还可能来源于对非结构化数据的处理。传统的结构化数据,尽管样本量比较小,但是在对结构化数据的处理上,是对该事物的抽象,每一条数据大都包含了使用者需要的信息。在大数据时代,尽管拥有海量的信息,但是真正可用的数据信息只有一小部分,直接保持着数据的全貌,因此也保留了大量的无用甚至可能是错误的信息。因此,如果将大数据比喻为石油行业的话,那么在大数据时代,重要的不是如何进行如何炼油(分析数据),而是如何获得优质原油(优质元数据)。

尽管数据价值密度低为我们带来很多不便,但应该注意的是,大数据的数据密度低是指相对于特定的应用,有效的信息相对于数据整体是偏少的,信息有效与否也是相对的,对于某些应用是无效的信息对于另外一些应用则成为最关键的信息,数据的价值也是相对的,有时一条微不足道的细节数据可能造成巨大的影响。比如网络中的一条几十个字符的微博,就可能通过转发而快速扩散,导致相关的信息大量涌现,其价值不可估量。因此为了保证对于新产生的应用有足够的有效信息,通常必须保存所有数据,这样就使得一方面是数据的绝对数量激增,另一方面当数据量达到一定规模时,可以通过更多的数据达到更真实全面的反馈。

1.3　发展大数据的意义

大数据作为一场科学技术又一次的飞跃,是在继互联网、云计算后的技术变革,其发展和应用,必将对社会的组织结构、国家的治理模式、企业的决策架构、商业的业务策略以及个人的生活方式等产生深远的影响。从全球范围内目前大数据的发展的市场规模及其市场细分领域的行业现状来看,大数据逐步从概念研究进入了实际应用的转型时期,各国政府无一不加大该领域的扶持力度,争取占据战略领导高地。

从我国近些年发展大数据的的态势来看,在地域分布方面,京津冀地区大数据的产业链条逐步健全,产业集聚效应开始大放异彩;在长三角地区,大数据的技术产业发展如火如荼,智慧城市、云计算等支撑力量异军突起,而在中西部地区中的贵州,近几年连续出台大数据发展政策支持意见,提出将大数据作为重点扶持的新支柱产业,与其他省市开展大数据战略合作,积极引进大数据企业、互联网巨头等措施。大数据发展强势态势端倪显现,其发展转向通过数据挖掘、实现精准营销方面。

1.3.1　大数据创新科学研究

1. 大数据对科学研究思维的影响

传统的科学研究,普遍采取的是抽样调研的方式。在大数据时代,我们对研究对象的样本量的掌握越来越多,这些数据可以更好地全面、真实地反馈该事物,可以避免传统的样本数据的不足。其次,在大数据时代,因为拥有海量的数据,对事物所掌握的样本量足够,所拥有的大数据能够更全面地反映事物,所以我们对数据的追求也不再局限于过去的精准,而是允许错误存在,因为追求数据精准,会花费更多的人力、物力。因此在

— 7 —

大数据时代,我们需要将思维从最初的追求精准转到能够包容数据的错误、包容数据的混杂性,以此来追求事物的真实性。最后,在大数据时代,由于追求因果关系十分困难,并且在大数据时代下,因果关系对我们的用处不大,因此我们会通过利用相关关系来告诉我们事物的发展趋势,大数据的相关关系能够更快、更准确的回答我们所关心的问题。

2. 大数据对科学研究技术手段的影响

目前面向大数据的技术研究主要是针对存储、处理、分析、可视化等其中某一方面的关键技术,大数据给其带来的影响主要有以下几个方面。

(1)传统关系型数据库到非关系型数据库和分布式文件系统的转变

随着互联网和云计算的不断发展,各种类型的应用层出不穷,数据存储对数据库技术提出了更多要求,主要体现在以下方面:高并发读写需求;海量数据的高效存储和访问需求;高可扩展性和高应用性需求。

传统的关系型数据库已经不能满足大数据存储的要求,尤其是大数据中包含的大量的半结构化数据和非结构化数据,此时就需要我们把目光从关系型数据库转移到非关系型数据库以及分布式文件系统上来。目前应用比较广泛的分布式系统是 Google 文件系统及其开源实现 HDFS(Hadoop Distributed File System,高度容错性的系统)。

(2)处理模式由选取一种到两种并存

目前大数据主要的数据处理模式可以分为流处理和批处理两种,流处理是直接处理(straight-through-processing),批处理是先存储后处理(store-then-process)。流处理的处理模式将数据视为流,当新的数据到来时就立刻处理并返回所需的结果,其主要应用场景有传感器网络、实时统计和高频金融交易等。流处理具有响应速度快的特点,因而其处理过程基本在内存中完成,处理方式也更多地依赖于在内存中设计巧妙的概要数据结构,内存容量是限制流处理模型的一个主要瓶颈,存储级内存设备的出现或许可以缓解和改善这一制约条件。

Google 公司在 2004 年提出的 Map Reduce 编程模型是最具代表性的批处理模式,其两项核心操作是 Map 和 Reduce。其中 Map 负责将数据进行一对一映射，Reduce 负责对数据进行规约。Map Reduce 模型首先将用户的原始数据源进行分块并交给不同的 Map 任务区处理。Map任务从数据块中解析出键/值（Key/Value）对集合，然后由用户定义的Map 函数作用于这些集合得到中间结果，并将该结果写入本地硬盘。Reduce 任务从硬盘上读取数据之后首先根据 Key 值进行排序，将具有相同 Key 值的组织在一起，最后执行用户定义的 Reduce 函数并输出最终结果。

3. 数据分析由采用单一技术到多样化分析技术融合

为了准确突显大数据的作用价值，通常对数据剖释采取全方面的剖释技术，从单一到多元，从独立到全面。用预备的模式对数据进行处理分析，在大数据结果呈现之前，往往应用一种或其中几种数据剖释技术就可以得出数据的价值。如果数据较大且分散不集中，可运用多种数据剖析方式，从而找到有价值的数据。对数据的剖析大概可以分为以下几种方式：

①计算机运用：分析计算机如何通过学习人类的智能技术，得到以前没有过的技术和知识，重组它们的结构，加强自身技能，是重要的解决计算机智能问题的一大核心问题，使得计算机更类似于人的思想特征，更符合人们预先设定的模式，更具智能化。

②采集数据：总结数据和计算机应用，采取对数据库的管理技术方式对大数据进行处理，取用有效的信息和技术。根据不同特征的数据值预测相应属性的值，如归类、反常测验等；或者找出能包括数据库中的相关联模式，如联系分析、归类分析等。

③数据集合：数据的汇总来自多源的数据分析方式，比如应用互联网全面分析繁杂的数据分布系统性质。

④网上分析：在图论和运筹学理论基础上，用图表和网络分析各部分的关系，计算网络运行所产生的数据，然后进行分析，研究网络运行情况及分配情况，使得网络构成和数据资源得到充分利用。

1.3.2 大数据是实现行业融合发展的需要

融合是大数据的价值所在。正如工业化时代商品和交易的快速流通催生大规模制造业发展,大数据时代信息数据的大量、快速流通将伴随着行业的融合发展,使经济形态发生大范围变化。

在零售行业,对消费历史数据的分析可以使零售商实时掌握市场动态并迅速做出应对。零售企业可以利用电话、Web、电子邮件等所有联络渠道对客户的数据进行分析,并结合客户的购物习惯,提供一致的个性化购物体验,以提高客户忠诚度。同时,从微博等社交媒体中挖掘实时数据,再将它们同实际销售信息进行整合,能够为企业提供真正意义上的商业智能。广告精准推送、商品促销策略制定及物流将是大数据在零售行业的主要应用领域。

简言之,大数据与电信、金融、教育、零售、医疗、能源等领域的融合正当时,虚拟环境下,遵循类似摩尔定律原则增长的海量数据,在技术和业务的促进下,使跨领域、跨系统、跨地域的数据共享成为可能,大数据支持着机构业务决策和管理决策的精准性、科学性以及社会整体层面的业务协同效率也得到了提高。

1.3.3 大数据是助推产业转型升级的加速器

大数据在各行各业交叉编织,作为一种重要的生产要素,在全球经济中发挥着重要作用。各个产业通过汇集和分析大数据、模式识别和决策优化,有助于降低产业生产成本,提高产品和服务质量。大数据产业正成为一个新的经济增长极,促进各产业的转型升级。

1. 传统农业生产方式向数据驱动的智慧化生产方式转变

先进的生产方式对生产力的发展具有极大的促进作用。互联网+农业战略背景下,以大数据作为发展农业现代化的工具,通过对我国各地区的地理环境、土壤条件、气候条件、人口分布等多方面综合信息的收集、存储、科研整合利用,推进我国农业产业的生产经营决策、农产品的高效流通、农业科研的管理研究等多个方面的效率效能,以实现我国的农业由传统的精耕细作向智慧化生产转变。

大数据推动农业生产方式智慧化可从以下三方面展开。

首先,大数据基于农业互联网的服务平台,对近些年来发生的农业订单所积累的大量农产品市场和交易农产品的销量及价格进行采集、存储、整合、分析,最终利用海量的数据对农产品进行预测,作出合理、科学的生产经营决策,减缓农产品价格的波动,大幅增加农民的生产经营收入。

其次,精准农业的开展需要及时收集的将土地土壤的使用情况、施肥情况、气温、光照程度数据。该系列的数据收集又将拉动网络通信、软件服务、智能终端等消费信息。

最后,大数据开启的智慧化农业生产能够有效提高农业经营的运营效率,减少农业生产的巨大成本。

2. 大数据助力工业"中国智造"

数据在各个行业领域快速流动,使得大数据作为一种重要的生产资源,对工业行业的发展由传统的粗放型向集约型转变。同时,通过对数据的汇集和分析、模式识别和决策优化,有助于降低工业生产的生产成本,提高产品质量和创新能力,推进工业行业转型升级。

一方面,大数据的"中国智造"使企业的生产方式由传统规模生产向按需生产和规模生产的柔性化生产方式转变。通过对销售客户消费行为、对产品的需求、该行业的企业规模、产品销售等巨量数据的收集,以大数据进行建模分析预测,最终实现企业精准寻找目标市场和市场定位、创造利润空间、提升增值服务、降低生产成本。另一方面,工业行业利用大数据进行数据整合分析预测,可以将产品的生命周期、用户反馈等反映到研发、生产、销售环节,形成各个环节在工作中的及时沟通协作,实现研发链、生产链、服务链与价值链快速联动的新态势。

3. 大数据提升政府治理、拉动服务业发展

大数据作用于政府的治理,对服务型政府的转变,网格化管理和精细化服务体系的构建,多方协作的社会治理新模式的打造有重大的意义,同

时还能降低公共服务的成本。一方面,政府运用大数据进行数据分析来制定各行业政策和调控措施,提升政府的宏观调控水平;通过大数据平台进行市场监管,提升公共服务质量,处理社会矛盾,进行环境监督和治理等,最终实现精准治理。另一方面,政府跨部门数据资源共享共用格局的打造,数据统一开放平台的开放,有助于实现海量政府数据的共享,为大众创业、万众创新提供数据基础,开启创新驱动新格局。

在服务业方面,大数据作用于第三产业服务业,如医疗、金融、交通时,一方面体现为通过在线服务共享交换数据资源;另一方面,借助线上精确跟踪获取的数据,进行远超传统服务方式的探索,提供个性化、精细化的服务。以大数据在食品安全方面讲,随着全国食品安全监测网和全国统一食品安全数据的建立,形成田间地头、养殖场所到屠宰、加工、储运、冷链等食品全生命周期、跨食品供应链的跟踪和溯源,将原有的"分段监督""抽样监管""事后处罚"和"主渠道把关",依托大数据的汇聚和分析,演变为"全产业链覆盖""全样监管""事前事中监管"和"全方位监控"。

1.3.4　大数据助力智慧城市建设

城市长期以来一直是人类生产生活繁衍、经济建设、进行社会交往和管理创新的中心。智慧城市则能够在这几方面为人类提供更多的智能化服务,从而使得人与自然、人与城市、人与社会更加和谐的发展。智慧城市能够为人类提供的智慧化服务如表1.1所示。

表1.1　城市生活与智慧城市体验

城市生活	智慧城市体验
生产生活	智慧医疗、智慧家居、智慧养老、智慧社区、智慧安居等
经济建设	智慧制造、智慧工业、智慧贸易、智慧物流等
社会交往	智慧交通、智慧旅游、智慧购物等
管理创新	智慧公共管理、智慧社会管理、智慧文化服务等

大数据对智慧城市的发展建设带来了可持续发展的动力。智慧城市以云计算、物联网作为支撑技术,通过获取数据和信息,运用大数据技术进行实时的分析处理,并将结果反馈给物联网进行智能化和自动化控制,

最终让城市达到智慧的状态。智慧城市与大数据的关系类似于水与鱼，智慧城市是大数据的源头，大数据是智慧城市的内核。

1. 数据增强了智慧城市研究分析和解决问题的能力

当前，我国城乡二元结构逐渐被打破，新型城镇化建设正在快速推进。转型发展时期，城市公共服务不能满足人们的需求、城市资源供给和分配不均匀、空间布局不协调等各种城市问题矛盾凸显。随着信息通信技术的融合发展，智慧城市的推进建设，城市中遍布的传感器和各类社交软件的普及，都会产生海量的数据。对于政府组织、科研机构决策制定者来说，可以利用这些海量数据所蕴含的价值观察城市、分析城市和研究城市，找到矛盾问题所在，解决智慧城市发展过程中的"城市病"（生态环境问题、犯罪问题、公共服务问题等），进而提出更切实、科学合理的解决方案，提高解决问题、策略制度实施的效力效率。

2. 大数据为智慧城市规划提供了新的思维和理念

智慧城市的建设离不开大数据的帮助。它的意义在于挖掘出本身蕴含的重大价值辅助智慧城市建设，而不是将它全部寄托为整个智慧城市的主导力，为城市建设发展贡献新的思维模式、方法、观念。政府提出城市的总体发展目标，规划师再对不同地区，进行不同布局规划，这是过去城市建设的主要模式。但是不合格的规划方案往往会给城市居民、城市商业、企业等造成不同程度的影响。这要求我们要结合政府的总体目标和城市的实际情况，全面地思考城市的发展问题、策略、方法，不能单一看待某一要素而忽视了整体要素。大数据可以帮助人们转变思维：运用大数据的分析技术，把城市主体的需求、政府提出的发展目标二者结合起来，重点解决城市规划建设遇到的主要阻碍，重点关注更多的区域，包括发现以往未注意到的细小区域。另外，还要关注未来长期策略，将城市规划工作的重点从过去的空间规划转移到实际的规划中来，随时对规划实际效果进行评估和整改。

1.3.5　大数据创新商业模式

数据作为一项资产，数据量的爆炸性剧增，数据形态从结构化数据到非结构化数据,以及数据与数据之间从互为孤岛到开始产生千丝万缕的关联,这些变化预示着,大数据并不是数据量的简单刻画,也不是特定算法、技术或商业模式上的发展,而是基于多源异构、跨域关联的海量数据分析,所产生的决策流程、商业模式、科学范式、生活方式和观念形态上的颠覆性变化的总和。

面对日益增长的大规模数据,如何借助于计算机技术来分析数据隐藏的潜在效益,挖掘数据价值,形成以数据为中心的核心竞争力,是目前多数企业亟待解决的关键问题。同时,大数据的深入研究和分析,既可催生出新的商机,也给传统行业指明了新的发展方向。

1. 大数据背景下企业层面的商业模式创新

在企业的价值层面,企业价值主张是指企业所提供的产品或服务能为消费者所带来的价值。由于大数据能够渗透到消费环节的任一角落,所以它为企业提供了更加精准的价值主张。大数据时代的各类数据,如业务数据、消费者数据等透明度明显增高,而且获取方式更加容易,因而企业能够更加科学、深入地分析数据,了解客户的真实想法与需求,生产出适应不同类型客户需求的产品或服务,决定其价值主张。其次,对产品进行准确定位。企业的产品在流向市场前,可以结合大数据个性化、来源广、处理便捷等特征,开展各类产品数据的可控实验,预先判定产品能否满足客户真实需求,从而圈定其适宜的客户群。

在客户细分方面,利用大数据分析把握客户消费的真实需求,再根据其真实需求进行客户细分,能科学准确区分企业最重要客户,进而向这些客户细分群体提供产品或服务,实现企业价值主张。另外,大数据规模性、实时性的特征,使企业能够节约获取客户数据的时间,从而能为客户量身定制所需求的产品或服务,大大提升企业运营效率及客户细分群体的内心满足程度。

2. 大数据引发的业务创新

进入大数据时代后,对企业业务活动所产生的数据分析、整理、处理已成为企业的关键业务。按照大数据所辐射的影响范围,可以从以下几方面进行关键业务创新。

①优化企业业务流程再造,以大数据技术为基础,数据信息流为线路代替原来的传统业务流程再造模式,以提高关键业务流程处理速度。如企业运用 GPS 定位或无线电频率识别传感器追踪商品或货物运输车,根据数据分析整合优化交通线路,节约运输成本。

②改变企业传统经营模式,以大数据活动更替原商业流程,如电子商务的交易模式代替了传统面对面的交易流程。

③为新的价值创造寻找新的方向,将大数据活动植入企业价值创造流程,开辟新的路径去寻找企业新的价值增长点。比如,在制造业,大数据仿真、建模等技术为研究传统工业领域难以理清的复杂系统提供了新的解决思路。

④在某一关键业务流程中,把大数据引进作为解决问题的新思路,提高关键业务流程的效率。如在解决城市交通拥堵这一关键问题上,公共交通公司发行的"一卡通"里面储存了乘客大量的出行数据,通过数据分析算出分时段、分路段各类不同人群的出行参数,针对性地创建各种交通处理预案,科学合理分配交通工具的运转。

3. 盈利模式创新

在大数据环境下,顾客对信息的要求越来越高,运用了大数据分析技术的公司,其盈利模式逐渐呈现多元化和混合化的特点,比其他非大数据运用的公司生产率和盈利率都要高出 5 到 6 个百分点。作为现代商业企业,利用大数据活动进行盈利模式创新,可以从以下几个方面展开。

首先,商业企业需要根据企业的战略、客户群体、竞争对手状况、自身经营特点等充分挖掘相关信息,建立数据库,同时对客户的消费习惯、消费过程进行数据分析,使之成为数据库的一部分,进行"精准化营销"。

其次,实现多渠道的整合营销。在大数据环境下,可以在商品正式进入市场前,就让消费者通过网络了解产品信息,影响其最终的消费行为。

最后,完成线上线下的融合。目前流行的营销模式主要是 O2O(Online To Offline,线上到线下)的模式,即线上提供多种营销渠道并分析客户信息以吸引消费者,线下提供相应产品及服务以促进消费,现实线上与线下的融合主要是将线上的消费者和线下的消费体验相融合。

4.成本控制方面创新

在内部环境方面,企业可以通过财务指标数据对企业生产、管理、仓储方面的成本进行控制。在外部环境方面,企业可通过大数据分析产品的销售模式,借助第三方平台,合理定价,节约销售成本。

5.基于大数据产业链驱动商业模式创新

大数据产业链的构成主要包括上游的数据资源、中游的数据处理技术及下游的数据应用。大数据产业链的上游主要是提供大数据源的各类公司,它们能对大数据的标准、入口、收集及整理进行全面掌控,同时还能在数据分析应用的基础上,进行个性化、针对性、精准性设计,实现跨平台、跨网络、跨商品、跨地界服务,最大化地实现各类资源的最佳匹配,进而创造全新的商业模式。大数据产业在不同的层级上能够开拓出广阔的市场网络,并能催生出巨大的利润空间。根据产业链不同环节及不同层面上盈利模式的差异,新的商业模式便应运而生。

(1)数据自营模式

数据自营模式是指企业本身储存了大规模数据,并且具备对这些大数据进行分析处理的能力,能够在数据分析基础上,完成原产品的更新与改造,进而获取利润的商业模式。要实现这种商业模式的盈利,公司必须具备一定条件:一是数据信息来源于公司本身;二是数据分析处理技术成熟,能够提炼挖掘数据中所隐藏的商业信息;三是对数据分析结果进行商业决策,预测未来。这种商业模式比较适用于规模较大的综合性公司,因为它包含了数据产业链的所有环节,能够对数据进行全面的采集、存储、处理、应用,构成了一套完整的产业链循环体系。

(2)数据租售模式

数据租售模式是指企业借助媒介,对数据采集、加工后进行租赁或者销售,进而获取利润的一种模式。这种模式主要体现企业对数据的整理、信息提炼、价值传递能力,从而形成完整的产业链条。在这种模式下,数据得到了价值增值,数据作为一种商品存在着。这种模式要获得成功,最主要因素在于采编各种信息资讯。

(3)数据平台模式

数据平台模式是指利用平台对数据进行分析、分享和交易,通过为客户提供便捷独特的平台服务来赢得利益的商业模式,主要包括了数据分析平台、数据分享平台和数据交易平台。

第 2 章 计算机的基础知识

计算机是一种能够按照程序运行,自动、高速处理海量数据的现代化智能电子设备,是 20 世纪最伟大的科学技术发明之一。其发明者是著名数学家约翰·冯·诺依曼(John Von Neumann)。计算机对人类的生产活动和社会活动产生了极其重要的影响,并以强大的生命力飞速发展。它的应用领域从最初的军事科研应用扩展到社会的各个领域,已形成了规模巨大的计算机产业,带动了全球范围的技术进步,由此引发了深刻的社会变革。计算机已遍及学校、企事业单位,进入寻常百姓家中,成为信息社会必不可少的工具。它是人类进入信息时代的重要标志之一。

2.1 计算机的先驱

在原始社会时期,人类使用结绳、垒石或枝条等工具进行辅助计算和计数。

在春秋时期,我们的祖先发明了算筹计数的"筹算法"。

公元 6 世纪,中国开始使用算盘作为计算工具,算盘是我国人民独特的创造,是第一种彻底采用十进制计算的工具。

人类一直在追求计算的速度与精度的提高。1620 年,欧洲的学者发明了对数计算尺;1642 年,布莱斯·帕斯卡(Blaise Pascal)发明了机械计算机;1854 年,英国数学家布尔(George Boole)提出符号逻辑思想。

1. 查尔斯·巴贝奇——通用计算机之父

19 世纪,英国数学家查尔斯·巴贝奇(Charles Babbage,1792—1871)提出通用数字计算机的基本设计思想,于 1822 年设计了一台差分机。其后巴贝奇又提出了分析机的概念,将机器分为堆栈、运算器、控制器三个部分,并于 1832 年设计了一种基于计算自动化的程序控制分析机,提出了几乎完整的计算机设计方案。用现在的说法,把它叫作计算器更合适。但相对于那时的科学来说,巴贝奇的机械式计算机已经是一个相当的进步了,从"0"到"1"的艰辛及伟大的实践更是难能可贵。

2.约翰·阿塔那索夫——电子计算机之父

约翰·阿塔那索夫(John Vincent Atanasoff,1903—1995),美国人,保加利亚移民的后裔。将机械式计算机改成了电子晶体式的 ABC 计算机(Atanasoff – Berry Computer)。

3.艾伦·麦席森·图灵——计算机科学之父

艾伦·麦席森·图灵(Alan Mathison Turing,1912—1954),英国数学家、逻辑学家。第二次世界大战期间,图灵曾帮助英国破解了德军的密码系统,并提出了"图灵机"的设计理念,为现在的计算机逻辑工作方式打下了良好的基础。但是,图灵的计算机只是一个抽象的概念,在当时并没有实现。如今,计算机中的人工智能已经研发成功并开始应用,它所用到的就是图灵的设计理念。因此,计算机界将图灵也称为"人工智能之父"。与此同时,计算机界最高奖项"图灵奖"也是以图灵的名字来命名的,目的是纪念图灵为计算机界所作出的突出贡献。

4.约翰·冯·诺依曼——现代计算机之父

在此之前,计算机还只是能做计算和编程而已,要发展成现在用的计算机,还得依靠约翰·冯·诺依曼(John von Neumann,1903—1957)的计算机理论。

1943 年,冯·诺依曼提出了"存储程序通用电子计算机方案",也就是现在的处理器、主板、内存、硬盘的计算机组合方式,这时计算机技术才正式步入时代的大舞台。根据冯·诺依曼所作出的突出贡献,大家便赋予了他"现代计算机之父"的称号。

2.2　计算机的发展

2.2.1　第一代计算机

第二次世界大战期间,美国和德国都需要精密的计算工具来计算弹道和破解电报,美军要求实验室为陆军炮弹部队提供火力表。千万不要小看区区的火力表,每张火力表都要计算几百条弹道,每条弹道的数学模型都是非常复杂的非线性方程组,只能求出近似值,但即使是求近似值也不是容易的事情。以当时的计算工具,即使雇用 200 多名计算员加班加点也需要 2～3 个月才能完成一张火力表。

第二次世界大战使美国军方产生了快速计算导弹弹道的需求,军方请求宾夕法尼亚大学的约翰·莫克利博士研制具有这种用途的机器。莫克利与研究生普雷斯泊·埃克特一起用真空管建造了电子数字积分计算机(Electronic Numerical Integrator and Computer, ENIAC),这是人类第一台全自动电子计算机,它开辟了信息时代的新纪元,是人类第三次产业革命开始的标志。这台计算机从 1946 年 2 月开始投入使用,直到 1955 年 10 月最后切断电源,服役 9 年多。它包含了 18 000 多只电子管,70 000 多个电阻,10 000 多个电容,6 000 多个开关,质量达 30 t,占地 170 m^2,耗电 150 kW,运算速度为 5 000/s 次加减法。

ENIAC 是第一台真正意义上的电子数字计算机。硬件方面的逻辑元件采用真空电子管,主存储器采用汞延迟线、阴极射线示波管静电存储器、磁鼓和磁芯,外存储器采用磁带,软件方面采用机器语言、汇编语言,应用领域以军事和科学计算为主。其特点是体积大、功耗高、可靠性差、速度慢(一般为每秒数千次至数万次)、价格昂贵,但为以后的计算机发展奠定了基础。

ENIAC(美国)与同时代的 Colossus(Colossus Computer,巨人计算机)(英国)、Z3(可编程电磁式计算机)(德国)被看成现代计算机时代的开端。

2.2.2 第二代计算机

第一代电子管计算机存在很多毛病,例如体积庞大,使用寿命短。就如 ENIAC 包含了 18 000 个真空管,但凡有一个真空管烧坏了,机器就不能运行,必须人为地将烧坏的真空管找出来,制造、维护和使用都非常困难。

1947 年,晶体管(也称"半导体")由贝尔实验室的肖克利(William Bradford Shockley)、巴丁(John Bardeen)和布拉顿(Walter Brattain)所发明,晶体管在大多数场合都可以完成真空管的功能,而且体积小、质量小、速度快,它很快就替代了真空管成了电子设备的核心组件。首先使用晶体管技术的是早期的超级计算机,主要用于原子科学的大量数据处理,这些机器价格昂贵,生产数量极少。1954 年,贝尔实验室研制出世界上第一台全晶体管计算机 TRADIC(Transistorized Airborne Digital Computer),装有 800 只晶体管,功率仅 100 W,它成为第二代计算机的典型机器。其间的其他代表机型有 IBM 7090 和 PDP—1。

计算机中存储的程序使得计算机有很好的适应性,主要用于科学和工程计算,也可以更有效地用于商业用途。在这一时期出现了更高级的 COBOL 语言(Common Business—Oriented Language,面向商业的通用语言)和 FORTRAN 语言(Formula Translation,公式翻译器)等,以单词、语句和数学公式代替了含混晦涩的二进制机器码,使计算机编程更容易。新的职业(程序员、分析员和计算机系统专家)和整个软件产业由此诞生。

2.2.3 第三代计算机

1958—1959 年,德州仪器与仙童公司研制出集成电路(Integrated Circuit,IC)。所谓 IC,就是采用一定的工艺技术把一个电路中所需的晶体管、二极管、电阻、电容和电感等元件及布线互连在一起,制作在一小块或几小块半导体晶片或介质基片上,然后封装在一个管壳内,这是一个巨大的进步。其基本特征是逻辑元件采用小规模集成电路 SSI(Small Scale Integration)和中规模集成电路 MSI(Middle Scale Integration)。集成电路的规模生产能力、可靠性、电路设计的模块化方法,确保了快速采用标准化集成电路代替了设计使用的离散晶体管。第三代电子计算机的运算速度每秒可达几十万次到几百万次,存储器进一步发展,体积越来越小,价格越来越低,软件也越来越完善。

集成电路的发明,促使 IBM 决定召集 6 万多名员工,创建 5 座新工厂。1964 年 IBM 生产出了由混合集成电路制成的 IBM 350 系统,这成为第三代计算机的重要里程碑。其典型机器是 IBM 360。

由于当年计算机昂贵,IBM 360 售价为 200～250 万美元(约合现在的 2 000 万美元),只有政府、银行、航空和少数学校才能负担得起。为了让更多人用上计算机,麻省理工学院、贝尔实验室和通用电气公司共同研发出分时多任务操作系统 Multics(UNIX 的前身),无论是直接的 Linux、OS X,还是间接的 Microsoft Windows,绝大多数现代操作系统都深受Multics 的影响。

Multics 的概念是希望计算机的资源可以为多终端用户提供计算服务(这个思路和云计算基本是一致的),后因 Multics 难度太大,项目进展缓慢,贝尔实验室和通用电气公司相继退出此项目,曾参与 Multics 开发的贝尔实验室的程序员肖·汤普森(Ken Thompson)因为需要新的操作系统来运行他的《星际旅行》游戏,在申请机器经费无果的情况下,他找到一台废弃的 PDP－7 小型机器,开发了简化版的 Multics,就是第一版的UNIX 操作系统。丹尼斯·里奇(Dennis Mac Alistair Ritchie)在 UNIX 的程序语言基础上发明了 C 语言,然后汤普森和里奇用 C 语言重写了UNIX,奠定了 UNIX 坚实的基础。

2.2.4　第四代计算机

1970 年以后,出现了采用大规模集成电路(Large Scale Intergrated

Circuit，LSI)和超大规模集成电路(Very Large Scale Intergrated Circuit，VLSI)为主要电子器件制成的计算机，重要分支是以大规模、超大规模集成电路为基础发展起来的微处理器和微型计算机。

1971 年 1 月，Intel(英特尔)的特德·霍夫(Teal Hoff)成功研制了第一枚能够实际工作的微处理器 4004，该处理器在面积约 12 mm^2 的芯片上集成了 2 250 个晶体管，运算能力足以超过 ENICA。Intel 于同年 11 月 15 日正式对外公布了这款处理器。主要存储器使用的是半导体存储器，可以进行每秒几百万到千亿次的运算，其特点是计算机体系架构有了较大的发展，并行处理、多机系统、计算机网络等进入使用阶段；软件系统工程化、理论化、程序设计实现部分自动化的能力。

同时期，来自《电子新闻》的记者唐·赫夫勒(Don Hoefler)依据半导体中的主要成分硅命名了当时的帕洛阿托地区，"硅谷"由此得名。

1972 年，原 CDC 公司的西蒙·克雷(S. Cray)博士独自创立了"克雷研究公司"，专注于巨型机领域。

1973 年 5 月，由施乐 PARC(帕罗奥多)研究中心的鲍伯·梅特卡夫(Bob Metcalfe)组建的世界上第一个个人计算机局域网络——ALTO ALOHA 网络开始正式运转，梅特卡夫将该网络改名为"Ethernet(以太网)"。

1974 年 4 月，Intel 推出了自己的第一款 8 位微处理芯片 8080。

1974 年 12 月，电脑爱好者爱德华·罗伯茨(E. Roberts)发布了自己制作的装配有 8080 处理器的计算机"牛郎星"，这也是世界上第一台装配有微处理器的计算机，从此掀开了个人电脑的序幕。

1975 年，西摩·克雷(Seymour Cray)完成了自己的第一个超级计算机"克雷一号"(CARY－1)，实现了 1 亿次/s 的运算速度。该机占地不到 7 m^2，质量不超过 5 t，共安装了约 35 万块集成电路。

1975 年 7 月，比尔·盖茨(B. Gates)在成功为"牛郎星"配上了 BASIC 语言之后从哈佛大学退学，与好友保罗·艾伦(Paul Allen)一同创办了微软公司，并为公司制订了奋斗目标："每一个家庭每一张桌上都有一部微型电脑运行着微软的程序！"

1976 年 4 月,斯蒂夫·沃兹尼亚克(Stephen Wozinak)和斯蒂夫·乔布斯(Stephen Jobs)共同创立了苹果公司,并推出了自己的第一款计算机:Apple—Ⅰ。

1977 年 6 月,拉里·埃里森(Larry Ellison)与自己的好友鲍勃·米纳(Bob Miner)和爱德华·奥茨(Edward Oates)一起创立了甲骨文公司(Oracle Corporation)。

1979 年 6 月,鲍伯·梅特卡夫(Bob Metcalfe)离开了 PARC,并同霍华德·查米(Howard Charney)、罗恩·克兰(Ron Crane)、格雷格·肖(Greg Shaw)和比尔·克劳斯(Bill Kraus)组成一个计算机通信和兼容性公司,这就是现在著名的 3Com 公司。

以上是前四代计算机发展历程的介绍,将其归纳总结见表 2.1。

表 2.1 计算机发展

发展阶段	逻辑元件	主存储器	运算速度/(次·s⁻¹)	特点	软件	应用
第一代(1946—1958)	电子管	电子射线管	几千到几万	体积大、耗电多、速度低、成本高	机器语言、汇编语言	军事研究、科学计算
第二代(1958—1964)	晶体管	磁芯	几十万	体积小、速度快、功耗低、性能稳定	监控程序、高级语言	数据处理、事务处理
第三代(1961—1971)	中小规模集成电路	半导体	几十万到几百万	体积更小、价格更低、可靠性更高、计算速度更快	操作系统、编辑系统、应用程序	开始广泛应用
第四代(1971—至今)	大规模、超大规模集成电路	集成度更高的半导体	上千万到上亿	性能大幅度提高,价格大幅度降低	操作系统完善、数据库系统、高级语言发展、应用程序发展	渗入社会各级领域

2.2.5 第五代计算机

第五代计算机也称"智能计算机",是将信息采集、存储、处理、通信同人工智能结合在一起的智能计算机系统。它能进行数值计算或处理一般的信息,主要能面向知识处理,具有形式化推理、联想、学习和解释的能力,能够帮助人们进行判断、决策、开拓未知领域和获得新的知识。人机之间可以直接通过自然语言(声音、文字)或图形图像交换信息。

第五代计算机是为适应未来社会信息化的要求而提出的,与前四代计算机有着本质的区别,是计算机发展史上的一次重大变革。

1. 基本结构

第五代计算机的基本结构通常由问题求解与推理、知识库管理和智能化人机接口三个基本子系统组成。

问题求解与推理子系统相当于传统计算机中的中央处理器。与该子系统打交道的程序语言称为核心语言,国际上都以逻辑型语言或函数型语言为基础进行这方面的研究,它是构成第五代计算机系统结构和各种超级软件的基础。

知识库管理子系统相当于传统计算机主存储器、虚拟存储器和文件系统的结合。与该子系统打交道的程序语言称为高级查询语言,用于知识的表达、存储、获取和更新等。这个子系统的通用知识库软件是第五代计算机系统基本软件的核心。通用知识库包含:日用词法、语法、语言字典和基本字库常识的一般知识库;用于描述系统本身技术规范的系统知识库;以及将某一应用领域,如超大规模集成电路设计的技术知识集中在一起的应用知识库。

智能化人机接口子系统是使人能通过说话、文字、图形和图像等与计算机对话,用人类习惯的各种可能方式交流信息。这里,自然语言是最高级的用户语言,它使非专业人员操作计算机,并为从中获取所需的知识信息提供可能。

2. 研究领域

当前第五代计算机的研究领域大体包括人工智能、系统结构、软件工程、支援设备,以及对社会的影响等。人工智能的应用将是未来信息处理的主流,因此,第五代计算机的发展,必将与人工智能、知识工程和专家系统等的研究紧密相联。

电子计算机的基本工作原理是先将程序存入存储器中,然后按照程序逐次进行运算。这种计算机是由美国物理学家冯·诺依曼首先提出理论和设计思想的,因此又称"诺依曼机器"。第五代计算机系统结构将突破传统的诺依曼机器的概念。这方面的研究课题应包括逻辑程序设计机、函数机、相关代数机、抽象数据型支援机、数据流机、关系数据库机、分布式数据库系统、分布式信息通信网络等。

2.2.6　计算机的发展趋势

计算机作为人类最伟大的发明之一,其技术发展深刻地影响着人们生产和生活。特别是随着处理器结构的微型化,计算机的应用从之前的国防军事领域开始向社会各个行业发展,如教育系统、商业领域、家庭生活等。计算机的应用在我国越来越普遍,改革开放以后,我国计算机用户的数量不断攀升,应用水平不断提高,特别是互联网、通信、多媒体等领域的应用取得了骄人的成绩。

计算机从出现至今,经历了机器语言、程序语言、简单操作系统和Linux、Macos、BSD、Windows等现代操作系统,运行速度也得到了极大的提升,第四代计算机的运算速度已经达到几十亿秒。计算机也由原来的仅供军事、科研使用发展到人人拥有。由于计算机强大的应用功能,从而产生了巨大的市场需要,未来计算机性能应向着巨型化、微型化、网络化、智能化、网格化和非冯·诺依曼式计算机等方向发展。

1. 巨型化

巨型化是指研制速度更快、存储量更大和功能更强大的巨型计算机。主要应用于天文、气象、地质和核技术、航天飞机和卫星轨道计算等尖端科学技术领域,研制巨型计算机的技术水平是衡量一个国家科学技术和工业发展水平的重要标志。

2. 微型化

微型化是指利用微电子技术和超大规模集成电路技术,将计算机的体积进一步缩小,价格进一步降低。计算机的微型化已成为计算机发展的重要方向,各种笔记本电脑和 PDA(Personal Digital Assistant,掌上电脑)的大量面世和使用,是计算机微型化的一个标志。

3.多媒体化

多媒体化是对图像、声音的处理,是目前计算机普遍需要具有的基本功能。

4.网络化

计算机网络是通信技术与计算机技术相结合的产物。为适应网络上通信的要求,计算机对信息处理速度、存储量均有较高的要求,计算机的发展必须适应网络发展。

5.智能化

计算机智能化是指使计算机具有模拟人的感觉和思维过程的能力。智能化的研究包括模拟识别、物形分析、自然语言的生成和理解、博弈、定理自动证明、自动程序设计、专家系统、学习系统和智能机器人等。目前,已研制出多种具有人的部分智能的机器人,可代替人在一些危险的岗位上工作。如今家庭智能化的机器人将是继 PC 机之后下一个家庭普及的信息化产品。

6.网格化

网格技术可以更好地管理网上的资源,它将整个互联网虚拟成一个空前强大的一体化信息系统,犹如一台巨型机,在这个动态变化的网络环境中,实现计算资源、存储资源、数据资源、信息资源、知识资源、专家资源的全面共享,从而让用户从中享受可灵活控制的、智能的、协作式的信息服务,并获得前所未有的使用方便性和超强能力。

7.非冯·诺依曼式计算机

随着计算机应用领域的不断扩大,采用存储方式进行工作的冯·诺依曼式计算机逐渐显露出局限性,从而出现了非冯·诺依曼式计算机的构想。在软件方面,非冯·诺依曼语言主要有 LISP(List Processing,计算机程序设计语言),PROLOG(Programming in Logic,逻辑编程语言),

而在硬件方面,提出了与人脑神经网络类似的新型超大规模集成电路——分子芯片。

基于集成电路的计算机短期内还不会退出历史舞台,而一些新的计算机正在跃跃欲试地加紧研究,这些计算机是能识别自然语言的计算机、高速超导计算机、纳米计算机、激光计算机、DNA 计算机、量子计算机、生物计算机、神经元计算机等。

(1)纳米计算机

纳米计算机是用纳米技术研发的新型高性能计算机。纳米管元件尺寸在几到几十纳米范围,质地坚固,有着极强的导电性,能代替硅芯片制造计算机。"纳米"是计量单位,$1\ nm = 10^{-9}\ m$,大约是氢原子直径的10 倍。纳米技术是从 20 世纪 80 年代初迅速发展起来的科研前沿领域,最终目标是让人类按照自己的意志直接操纵单个原子,制造出具有特定功能的产品。纳米技术正从微电子机械系统起步,把传感器、电动机和各种处理器都放在一个硅芯片上而构成一个系统。应用纳米技术研制的计算机内存芯片,其体积只有数百个原子大小,相当于人的头发丝直径的1/1 000。纳米计算机不仅几乎不需要耗费任何能源,而且其性能要比今天的计算机强许多倍。

(2)生物计算机

20 世纪 80 年代以来,生物工程学家对人脑、神经元和感受器的研究倾注了大量精力,以期研制出可以模拟人脑思维、低耗、高效的生物计算机。用蛋白质制造的电脑芯片,存储量可达普通电脑的 10 亿倍。生物电脑元件的密度比大脑神经元的密度高 100 万倍,传递信息的速度也比人脑思维的速度快 100 万倍。

(3)神经元计算机

神经元计算机的特点是可以实现分布式联想记忆,并能在一定程度上模拟人和动物的学习方式。它是一种有知识、会学习、能推理的计算机,具有能理解自然语言、声音、文字和图像的能力,并且还能够用自然语言与人直接对话,它可以利用已有的和不断学习的知识,进行思维、联想、推理并得出结论,能解决复杂问题,具有汇集、记忆、检索有关知识的能力。

在 IBM Think 2018 大会上,IBM 展示了号称是全球最小的电脑,需要显微镜才能看清,因为这部电脑比盐粒还要小很多,只有 1 mm^2 大小,而且这个微型电脑的成本只有 10 美分。这是一个货真价实的电脑,里面有几十万个晶体管,搭载了 SRAM(Static Random−Access Memory,静态随机存储芯片)芯片和光电探测器。这部电脑不同于人们常见的个人电脑,其运算能力只相当于 40 多年前的 X86 电脑。不过这个微型电脑也不是用于常见的领域,而是用在数据的监控、分析和通信上。实际上,这个微型电脑是用于区块链技术的,可以用作区块链应用的数据源,追踪商品的发货,预防偷窃和欺骗,还可以进行基本的人工智能操作。

2.3　计算机的分类

计算机分类的方式有很多种。按照计算机处理的对象及其数据的表示形式可分为数字计算机、模拟计算机、数字模拟混合计算机。

数字计算机:该类计算机输入、处理、输出和存储的数据都是数字量,这些数据在时间上是离散的。

模拟计算机:该类计算机输入、处理、输出和存储的数据是模拟量(如电压、电流等),这些数据在时间上是连续的。

数字模拟混合计算机:该类计算机将数字技术和模拟技术相结合,兼有数字计算机和模拟计算机的功能。

按照计算机的用途及其使用范围可分为通用计算机和专用计算机。

通用计算机:该类计算机具有广泛的用途,可用于科学计算、数据处理、过程控制等。

专用计算机:该类计算机适用于某些特殊的应用领域,如智能仪表、军事装备的自动控制等。

按照计算机的规模可分为巨型计算机(超级计算机)、大/中型计算机、小型计算机、微型计算机、工作站、服务器，以及手持式移动终端、智能手机、网络计算机等类型。

2.3.1   超级计算机

巨型计算机又称超级计算机（super computer），诞生于 1983 年 12 月。它使用通用处理器及 UNIX 或类 UNIX 操作系统（如 Linux），计算的速度与内存性能、大小相关，主要应用于密集计算、海量数据处理等领域。它一般需要使用大量处理器，通常由多个机柜组成。在政府部门和国防科技领域曾得到广泛的应用，诸如石油勘探、国防科研等。自 20 世纪 90 年代中期以来，巨型机的应用领域开始得到扩展，从传统的科学和工程计算延伸到事务处理、商业自动化等领域。在我国，巨型机的研发也取得了很大的进步，推出了"天河""神威"等代表国内最高水平的巨型机系统，并在国民经济的关键领域得到了广泛应用。

2.3.2   大型计算机

大型计算机作为大型商业服务器，在今天仍具有很强活力。它们一般用于大型事务处理系统，特别是过去完成的且不值得重新编写的数据库应用系统方面，其应用软件通常是硬件成本的好几倍，因此，大型机仍有一定地位。

大型机体系结构的最大好处是无与伦比的 I/O 处理能力。虽然大型机处理器并不总是拥有领先优势，但是它们的 I/O 体系结构使它们能处理好几个 PC 服务器才能处理的数据。大型机的另一些特点包括它的大尺寸和使用液体冷却处理器阵列。在使用大量中心化处理的组织中，它仍有重要的地位。

由于小型计算机的到来，新型大型机的销售速度已经明显放缓。在电子商务系统中，如果数据库服务器或电子商务服务器需要高性能、高效的 I/O 处理能力，可以采用大型机。

1.发展历史

在 20 世纪 60 年代,大多数主机没有交互式的界面,通常使用打孔卡、磁带等。

1964 年,IBM 引入了 System/360,它是由 5 种功能越来越强大的计算机所组成的系列,这些计算机运行同一操作系统并能够使用相同的 44 个外围设备。

1972 年,SAP 公司为 System/360 开发了革命性的"企业资源计划"系统。

1999 年,Linux 出现在 System/390 中,第一次将开放式源代码计算的灵活性与主机的传统可伸缩性和可靠性相结合。

2.大型计算机的特点

现代大型计算机并非主要通过每秒运算次数 MIPS(Million Instructions Per Second)来衡量性能,而是拥有可靠性、安全性、向后兼容性和极其高效的 I/O 性能。主机通常强调大规模的数据输入/输出,着重强调数据的吞吐量。

大型计算机可以同时运行多操作系统,不像是一台计算机而更像是多台虚拟机,一台主机可以替代多台普通的服务器,是虚拟化的先驱,同时主机还拥有强大的容错能力。

大型机使用专用的操作系统和应用软件,在主机上编程采用 COBOL(Common Business—Oriented Language,面向商业的通用语言),同时采用的数据库为 IBM 自行开发的 DB2(关系型数据库管理系统)。在大型机上工作的 DB2 数据库管理员能够管理比其他平台多 3~4 倍的数据量。

3.与超级计算机的区别

超级计算机有极强的计算速度,通常用于科学与工程上的计算,其计算速度受运算速度与内存大小所限制;而主机运算任务主要受到数据传输与转移、可靠性及并发处理性能所限制。

主机更倾向于整数运算,如订单数据、银行数据等,同时在安全性、可靠性和稳定性方面优于超级计算机。而超级计算机更强调浮点运算性能，如天气预报。主机在处理数据的同时需要读写或传输大量信息，如海量的交易信息、航班信息等。

2.3.3　小型计算机

小型计算机是相对于大型计算机而言的，小型计算机的软件、硬件系统规模比较小，但价格低、可靠性高，便于维护和使用。小型计算机是硬件系统比较小，但功能却不少的微型计算机，方便携带和使用。近年来，小型机的发展也引人注目，特别是缩减指令系统计算机（Reduced Instruction Set Computer，RISC）体系结构，顾名思义是指令系统简化、缩小了的计算机，而过去的计算机则统属于复杂指令系统计算机（Complex Instruction Set Computer，CISC）。

小型机运行原理类似于 PC（个人电脑）和服务器，但性能及用途又与它们截然不同，它是 20 世纪 70 年代由 DCE 公司（数字设备公司）首先开发的一种高性能计算产品。

小型机具有区别 PC 及其服务器的特有体系结构，还有各制造厂自己的专利技术。小型机是封闭专用的计算机系统，使用小型机的用户一般是看中 UNIX 操作系统的安全性、可靠性和专用服务器的高速运算能力。

为了扩大小型计算机的应用领域，出现了采用各种技术研制出的超级小型计算机。这些高性能小型计算机的处理能力达到或超过了低档大型计算机的能力。因此，小型计算机和大型计算机的界线也有了一定的交错。

小型计算机提高性能的技术措施主要有以下四个方面：

①字长增加到 32 位，以便提高运算精度和速度，增强指令功能，扩大寻址范围，提高计算机的处理能力。

②采用大型计算机中的一些技术，如采用流水线结构、通用寄存器、超高速缓冲存储器、快速总线和通道等来提高系统的运算速度和吞吐率。

③采用各种大规模集成电路,用快速存储器、门阵列、程序逻辑阵列、大容量存储芯片和各种接口芯片等构成计算机系统,以缩小体积和降低功耗,提高性能和可靠性。

④研制功能更强的系统软件、工具软件、通信软件、数据库和应用程序包,以及能支持软件核心部分的硬件系统结构、指令系统和固件,软件、硬件结合起来构成用途广泛的高性能系统。

2.3.4　工作站

工作站是一种高端的通用微型计算机。它是由计算机和相应的外部设备以及成套的应用软件包所组成的信息处理系统,能够完成用户提交的特定任务,是推动计算机普及应用的有效方式。它能提供比个人计算机更强大的性能,尤其是图形处理能力和任务并行方面的能力。通常配有高分辨率的大屏、多屏显示器及容量很大的内存储器和外部存储器,并且具有极强的信息和高性能的图形、图像处理功能。另外,连接到服务器的终端机也可称为工作站。工作站的应用领域有科学和工程计算、软件开发、计算机辅助分析、计算机辅助制造、工程设计和应用、图形和图像处理、过程控制和信息管理等。

工作站应具备强大的数据处理能力,有直观的便于人机交换信息的用户接口,可以与计算机网络相连,在更大的范围内互通信息,共享资源。常见的工作站有计算机辅助设计(CAD)工作站(或称工程工作站)、办公自动化(OA)工作站、图像处理工作站等。

不同任务的工作站有不同的硬件和软件配置。

一个小型 CAD 工作站的典型硬件配置为:普通计算机,带有功能键的 CRT 终端、光笔、平面绘图仪、数字化仪、打印机等;软件配置为:操作系统、编译程序、相应的数据库和数据库管理系统、二维和三维的绘图软件,以及成套的计算、分析软件包。它可以完成用户提交的各种机械的、电气的设计任务。

OA 工作站的主要硬件配置为:普通计算机,办公用终端设备(如电传打字机、交互式终端、传真机、激光打印机、智能复印机等），通信设施（如局部区域网、程控交换机、公用数据网、综合业务数字网等）；软件配置为：操作系统、编译程序、各种服务程序、通信软件、数据库管理系统、电子邮件、文字处理软件、表格处理软件、各种编辑软件，以及专门业务活动的软件包，如人事管理、财务管理、行政事务管理等软件，并配备相应的数据库。OA 工作站的任务是完成各种办公信息的处理。

图像处理工作站的主要硬件配置为：顶级计算机，一般还包括超强性能的显卡（由 CUDA 并行编程的发展所致），图像数字化设备（包括电子的、光学的或机电的扫描设备，数字化仪），图像输出设备，交互式图像终端；软件配置为：除了一般的系统软件外，还要有成套的图像处理软件包，它可以完成用户提出的各种图像处理任务。

工作站根据软、硬件平台的不同，一般分为基于 RISC（精简指令系统）架构的 UNIX 系统工作站和基于 Windows、Intel 的 PC 工作站。

UNIX 工作站是一种高性能的专业工作站，具有强大的处理器（以前多采用 RISC 芯片）和优化的内存、I/O（输入/输出）、图形子系统，使用专有的处理器（英特尔至强 XEON、AMD 皓龙等）、内存以及图形等硬件系统，Windows 7 旗舰版操作系统和 UNIX 系统，针对特定硬件平台的应用软件彼此互不兼容。

PC 工作站则是基于高性能的英特尔至强处理器之上，使用稳定的 Windows 7 32/64 位操作系统，采用符合专业图形标准（OpenGL 4.x 和 DirectX 11）的图形系统，再加上高性能的存储、I/O（输入/输出）、网络等子系统，来满足专业软件运行的要求；以 Linux 为架构的工作站采用的是标准、开放的系统平台，能最大程度地降低拥有成本，甚至可以免费使用 Linux 系统及基于 Linux 系统的开源软件；以 Mac OS 和 Windows 为架构的工作站采用的是标准、闭源的系统平台，具有高度的数据安全性和配置的灵活性，可根据不同的需求来配置工作站的解决方案。

另外，根据体积和便携性，工作站还可分为台式工作站和移动工作站。

台式工作站类似于普通台式电脑,体积较大,没有便携性,但性能强劲,适合专业用户使用。

移动工作站其实就是一台高性能的笔记本电脑,但其硬件配置和整体性能又比普通笔记本电脑高一个档次。适用机型是指该工作站配件所适用的具体机型系列或型号。

不同的工作站标配不同的硬件,工作站配件的兼容性问题虽然不像服务器那样明显,但从稳定性角度考虑,通常还需使用特定的配件,这主要是由工作站的工作性质决定的。

按照工作站的用途可分为通用工作站和专用工作站。

通用工作站没有特定的使用目的,可以在以程序开发为主的多种环境中使用。通常在通用工作站上配置相应的硬件和软件,以适应特殊用途。在客户服务器环境中,通用工作站常作为客户机使用。

专用工作站是为特定用途开发的,由相应的硬件和软件构成,可分为办公工作站、工程工作站和人工智能工作站等。

办公工作站是为了高效地进行办公业务,如文件和图形的制作、编辑、打印、处理、检索、维护,电子邮件和日程管理等。

工程工作站是以开发、研究为主要用途而设计的,大多具有高速运算能力和强化了的图形功能,是计算机辅助设计、制造、测试、排版、印刷等领域用得最多的工作站。

人工智能工作站用于智能应用的研究开发,可以高效地运行 LISP、PROLOG 等人工智能语言。后来,这种专用工作站已被通用工作站所取代。

数字音频工作站一般由三部分构成,即计算机、音频处理接口卡和功能软件。计算机相当于数字音频工作站的"大脑",是数字音频工作站的"指挥中心",也是音频文件的存储、交换中心。音频处理接口卡相当于数字音频工作站的"连接器",负责通过模拟输入/输出、数字输入/输出、同轴输入/输出、MIDI 接口等连接调音台、录音设备等外围设备。功能软件相当于数字音频工作站的"工具",用鼠标点击计算机屏幕上的用户界面,就可以通过各种功能软件实现广播节目编辑、录音、制作、传输、存储、复制、管理、播放等工作。数字音频工作站的功能强大与否直接取决于其功能软件。全新的设计,极其人性化的用户界面,强大的浏览功能,多种拖放功能,简单易用的 MIDI 映射功能,与音频系统对应的自动配置功能,较好的音质,无限制的音轨数及每轨无限的插件数,支持各种最新技术规格,便利的起始页面,化繁杂为简单。如 Studio One Pro 及 Studio One Artist 等音乐制作工具都体现了下一代功能软件的特性。

需要注意的是,工作站区别于其他计算机,特别是区别于 PC 机,它对显卡、内存、CPU、硬盘都有更高的要求。

1. 显卡

作为图形工作站的主要组成部分,一块性能强劲的 3D 专业显卡的重要性,从某种意义上来说甚至超过了处理器。与针对游戏、娱乐市场为主的消费类显卡相比,3D 专业显卡主要面对的是三维动画(如 3ds Max、Maya、Softimage3D)、渲染(如 Lightscape、3DS VIZ)、CAD(如 Auto CAD、Pro/Engineer、Unigraphics、SolidWorks)、模型设计(如 Rhino)以及部分科学应用等专业开放式图形库(Open Graphics Library,OpenGL)应用市场。对这部分图形工作站用户来说,它们所使用的硬件无论是速度、稳定性还是软件的兼容性都很重要。用户的高标准、严要求使得 3D 专业显卡从设计到生产都必须达到极高的水准,加上用户群的相对有限造成生产数量较少,其总体成本的大幅上升也就不可避免了。与一般的消费类显卡相比,3D 专业显卡的价格要高得多,达到了几倍甚至十几倍的差距。

2. 内存

主流工作站的内存为 ECC(Error Checking and Correcting,应用了能够实现错误检查和纠正技术)内存和 REG(Register,寄存器)内存。ECC 主要用在中低端工作站上,并非像常见的 PC 版 DDR3 那样是内存的传输标准,ECC 内存是具有错误校验和纠错功能的内存。ECC 是 Error Checking and Correcting 的简称,它是通过在原来的数据位上额外增加数据位来实现的。如 8 位数据,则需 1 位用于 Parity(奇偶校验)检验,5 位用于 ECC,这额外的 5 位是用来重建错误数据的。当数据的位数增加一倍时,Parity 也增加一倍,而 ECC 只需增加 1 位,所以,当数据为 64 位时,所用的 ECC 和 Parity 位数相同(都为 8)。在那些 Parity 只能检测到错误的地方,ECC 可以纠正绝大多数错误。若工作正常时,不会发觉数据出过错,只有经过内存的纠错后,计算机的操作指令才可以继续执行。在纠错时系统的性能有着明显降低,不过这种纠错对服务器等应用而言是十分重要的,ECC 内存的价格比普通内存要昂贵许多。而高端的工作站和服务器上用的都是 REG 内存,REG 内存一定是 ECC 内存,而且多加了一个寄存器缓存,数据存取速度大大加快,其价格比 ECC 内存还要贵。

3. CPU

传统的工作站 CPU 一般为非 Intel 或 AMD 公司生产的 CPU,而是使用 RISC 架构处理器,比如 PowerPC 处理器、SPARC 处理器、Alpha 处理器等,相应的操作系统一般为 UNIX 或其他专门的操作系统。全新的英特尔 NEHALEM 架构四核或者六核处理器具有以下几个特点:

①超大的二级三级缓存,三级缓存六核或四核达到 12 M;

②内存控制器直接通过 QPI 通道集成在 CPU 上,彻底解决了前端总线带宽瓶颈;

③英特尔独特的内核加速模式 turbomode 根据需要开启、关闭内核的运行;

④第三代超线程 SMT 技术。

4. 硬盘

用于工作站系统的硬盘根据接口不同,主要有 SAS 硬盘、SATA(Serial ATA)硬盘、SCSI 硬盘、固态硬盘。工作站对硬盘的要求介于普通台式机和服务器之间。因此,低端的工作站也可以使用与台式机一样的 SATA 或者 SAS 硬盘,而中高端的工作站会使用 SAS 或固态硬盘。

2.3.5　微型计算机

微型计算机简称"微型机"或"微机",由于其具备人脑的某些功能,所以也称其为"微电脑",又称为"个人计算机"(Personal Computer,PC)。微型计算机是由大规模集成电路组成的体积较小的电子计算机。它是以微处理器为基础,配以内存储器及输入/输出(I/O)接口电路和相应的辅助电路而构成的裸机。

微型计算机的特点是体积小、灵活性大、价格便宜、使用方便。自1981 年美国 IBM 公司推出第一代微型计算机 IBM－PC 以来,微型机以其执行结果精确、处理速度快捷、性价比高、轻便小巧等特点迅速进入社会各个领域,且技术不断更新、产品快速换代,从单纯的计算工具发展成为能够处理数字、符号、文字、语言、图形、图像、音频、视频等多种信息的强大多媒体工具。如今的微型机产品无论从运算速度、多媒体功能、软硬件支持,还是易用性等方面,都比早期产品有了质的飞跃。

许多公司(如 Motorola 等)也争相研制微处理器,推出了 8 位、16 位、32 位、64 位的微处理器。微型计算机的种类很多,主要分台式机(desktop computer)、笔记本(notebook)电脑和个人数字助理 PDA(Personal Digital Assistant)三类。

通常,微型计算机可分为以下几类。

1. 工业控制计算机

工业控制计算机是一种采用总线结构,对生产过程及其机电设备、工艺装备进行检测与控制的计算机系统总称,简称"控制机"。它由计算机和过程输入/输出(I/O)两大部分组成。在计算机外部又增加一部分过程输入/输出通道,用来将工业生产过程的检测数据送入计算机进行处理;另一方面,将计算机要行使对生产过程控制的命令、信息转换成工业控制对象的控制变量信号,再送往工业控制对象的控制器中,由控制器行使对生产设备的运行控制。

2.个人计算机

①台式机。台式机是应用非常广泛的微型计算机,是一种独立分离的计算机,体积相对较大,主机、显示器等设备一般都是相对独立的,需要放置在电脑桌或者专门的工作台上,因此命名为"台式机"。台式机的机箱空间大、通风条件好,具有很好的散热性;独立的机箱方便用户进行硬件升级(如显卡、内存、硬盘等);台式机机箱的开关键、重启键、USB、音频接口都在机箱前置面板中,方便用户使用。

②电脑一体机。电脑一体机是由一台显示器、一个键盘和一个鼠标组成的计算机。它的芯片、主板与显示器集成在一起,显示器就是一台计算机。因此,只要将键盘和鼠标连接到显示器上,机器就能使用。随着无线技术的发展,电脑一体机的键盘、鼠标与显示器可实现无线连接,机器只有一根电源线,在很大程度上解决了台式机线缆多而杂的问题。

③笔记本式计算机。笔记本式计算机是一种小型、可携带的个人计算机,通常质量为 1～3 kg。与台式机架构类似,笔记本式计算机具有更好的便携性。笔记本式计算机除了键盘外,还提供了触控板(touchpad)或触控点(pointing stick),提供了更好的定位和输入功能。

④掌上电脑(PDA)。PDA 是个人数字助手的意思。主要提供记事、通讯录、名片交换及行程安排等功能。可以帮助人们在移动中工作、学习、娱乐等。按使用来分类,分为工业级 PDA 和消费品 PDA。工业级PDA 主要应用在工业领域,常见的有条形码扫描器、RFID 读写器、POS机等;消费品 PDA 包括的比较多,比如智能手机、手持的游戏机等。

⑤平板电脑。平板电脑也称平板式计算机(Tablet Personal Computer,简称 Tablet PC、Flat PC、Tablet、Slates),是一种小型、方便携带的个人计算机,以触摸屏作为基本的输入设备。它拥有的触摸屏,允许用户通过手、触控笔或数字笔来进行作业,而不是传统的键盘或鼠标。用户可以通过内置的手写识别、屏幕上的软键盘、语音识别或者一个外接键盘(如果该机型配备的话)实现输入。

3.嵌入式计算机

嵌入式计算机即嵌入式系统,是一种以应用为中心、以微处理器为基础,软硬件可裁剪的,适用于应用系统对功能、可靠性、成本、体积、功耗等综合性严格要求的专用计算机系统。它一般由嵌入式微处理器、外围硬件设备、嵌入式操作系统及用户的应用程序四个部分组成。它是计算机市场中增长最快的,也是种类繁多、形态多种多样的计算机系统。嵌入式系统几乎包括了生活中的电器设备,如计算器、电视机顶盒、手机、数字电视、多媒体播放器、微波炉、数字相机、家庭自动化系统、电梯、空调、安全系统、自动售货机、消费电子设备、工业自动化仪表与医疗仪器等。

2.3.6　服务器

服务器是计算机的一种,它比普通计算机运行更快、负载更高、价格更贵。服务器在网络中为其他客户机(如 PC 机、智能手机、ATM 等终端甚至是火车系统等大型设备)提供计算或应用服务。服务器具有高速的CPU 运算能力、长时间的可靠运行、强大的 I/O 外部数据吞吐能力以及更好的扩展性。根据所提供的服务,服务器都具备响应服务请求、承担服务、保障服务的能力。服务器作为电子设备,其内部结构十分复杂,但与普通的计算机内部结构相差不大,如 CPU、硬盘、内存、系统、系统总线等。

下面从不同角度讨论服务器的分类:

①根据体系结构不同,服务器可以分成两大重要的类别:IA 架构服务器和 RISC 架构服务器。

这种分类标准的主要依据是两种服务器采用的处理器体系结构不同。RISC 架构服务器采用的 CPU 是所谓的精简指令集的处理器,精简指令集 CPU 的主要特点是采用定长指令,使用流水线执行指令,这样一个指令的处理可以分成几个阶段,处理器设置不同的处理单元执行指令的不同阶段,比如指令处理如果分成三个阶段,当第 n 条指令处在第三个处理阶段时,第 n+1 条指令将处在第二个处理阶段,第 n+2 条指令将处在第一个处理阶段。这种指令的流水线处理方式使 CPU 有并行处理指令的能力,以至于处理器能够在单位时间内处理更多的指令。

IA 架构的服务器采用的是 CISC 体系结构(即复杂指令集体系结构),这种体系结构的特点是指令较长,指令的功能较强,单个指令可执行的功能较多,这样可以通过增加运算单元,使一个指令所执行的功能可并行执行,以提高运算能力。长时间以来两种体系结构一直在相互竞争中成长,都取得了快速的发展。IA 架构的服务器采用了开放体系结构,因而有了大量的硬件和软件的支持者,在近年有了长足的发展。

②根据服务器的规模不同可以将服务器分成工作组服务器、部门服务器和企业服务器。

这种分类方法是一种相对比较老的分类方法,主要是根据服务器应用环境的规模来分类,比如一个 10 台客户机的计算机网络环境适合使用工作组服务器,这种服务器往往采用一个处理器,较小的硬盘容量和不是很强的网络吞吐能力;一个几十台客户机的计算机网络适用部门级服务器,部门级服务器能力相对更强,往往采用两个处理器,有较大的内存和磁盘容量,磁盘 I/O 和网络 I/O 的能力也较强,这样才能有足够的处理能力来受理客户端提出的服务需求;而企业级的服务器往往处于 100 台客户机以上的网络环境,为了承担对大量服务请求的响应,这种服务器往往采用 4 个处理器、有大量的硬盘和内存,并且能够进一步扩展以满足更高的需求,由于要应付大量的访问,所以这种服务器的网络速度和磁盘速度也应该很高。为达到这一要求,往往要采用多个网卡和多个硬盘并行处理。

不过上述描述是不精确的,还存在很多特殊情况,比如一个网络的客户机可能很多,但对服务器的访问可能很少,就没有必要要一台功能超强的企业级服务器,由于这些因素的存在,使得这种服务器的分类方法更倾向于定性而不是定量。也就是说,从小组级到部门级再到企业级,服务器的性能是在逐渐加强的,其他各种特性也是在逐渐加强的。

③根据服务器的功能不同可以将服务器分成很多类别。

文件/打印服务器,这是最早的服务器种类,它可以执行文件存储和打印机资源共享的服务，至今这种服务器还在办公环境里广泛应用；数据库服务器，运行一个数据库系统，用于存储和操纵数据，向联网用户提供数据查询、修改服务，这种服务器也是一种广泛应用在商业系统中的服务器；Web 服务器、E－Mail 服务器、NEWS 服务器、PROXY 服务器，这些服务器都是 Internet 应用的典型，它们能完成主页的存储和传送、电子邮件服务、新闻组服务等。所有这些服务器都不仅仅是硬件系统，它们常常是通过硬件和软件的结合来实现特定的功能。

可以从下面几个方面来衡量服务器是否达到了其设计目的：

第一，可用性。对于一台服务器而言，一个非常重要的方面就是它的"可用性"，即所选服务器能满足长期稳定工作的要求，不能经常出问题。其实就等同于可靠性（reliability）。

服务器所面对的是整个网络的用户，而不是单个用户，在大中型企业中，通常要求服务器是永不中断的。在一些特殊应用领域，即使没有用户使用，有些服务器也得不间断地工作，因为它必须持续地为用户提供连接服务，而无论是在上班还是下班，也无论是工作日还是节假日，这就是要求服务器必须具备极高的稳定性的根本原因。

一般来说，专门的服务器都要 24 h 不间断地工作，特别像一些大型的网络服务器，如大公司所用服务器、网站服务器，以及提供公众服务的iqdeWEB 服务器等更是如此。对于这些服务器来说，也许真正工作开机的次数只有一次，那就是它刚买回全面安装配置好后投入正式使用的那一次，此后，它要不间断地工作，一直到彻底报废。为了确保服务器具有较高的"可用性"，除了要求各配件质量过关外，还可采取必要的技术和配置措施，如硬件冗余、在线诊断等。

第二，可扩展性。服务器必须具有一定的可扩展性，这是因为企业网络不可能长久不变，特别是在信息时代，如果服务器没有一定的可扩展性，当用户一增多就不能负担的话，一台价值几万甚至几十万的服务器在短时间内就要遭到淘汰，这是任何企业都无法承受的。为了保持可扩展性，通常需要服务器具备一定的可扩展空间和冗余件（如磁盘阵列架位、

PCI 和内存条插槽位等）。

可扩展性具体体现在硬盘是否可扩充，CPU 是否可升级或扩展，系统是否支持 Windows NT、Linux 或 UNIX 等多种主流操作系统，只有这样才能保持前期投资为后期充分利用。

第三，易使用性。服务器的功能相对于 PC 来说复杂得多，不仅指其硬件配置，更多的是指其软件系统配置。没有全面的软件支持，服务器要实现如此多的功能是无法想象的。但是，软件系统一多，又可能造成服务器的使用性能下降，管理人员无法有效操纵。因此，许多服务器厂商在进行服务器的设计时，除了要充分考虑服务器的可用性、稳定性等方面外，还必须在服务器的易使用性方面下足功夫。例如，服务器是不是容易操作，用户导航系统是不是完善，机箱设计是否人性化，有没有一键恢复功能，是否有操作系统备份，以及有没有足够的培训支持等。

第四，易管理性。在服务器的主要特性中还有一个重要特性，那就是服务器的"易管理性"。虽然服务器需要不间断地持续工作，但再好的产品都有可能出现故障。服务器虽然在稳定性方面有足够的保障，但也应有必要的避免出错的措施，以及时发现问题，而且出了故障也能及时得到维护。这不仅可减少服务器出错的机会，同时还可大大提高服务器维护的效率。

服务器的易管理性还体现在服务器是否有智能管理系统、自动报警功能，独立的管理系统、液晶监视器等方面。只有这样，管理员才能轻松管理，高效工作。

因为服务器的特殊性，所以需要在以下安全方面重点考虑。

第一，服务器所处运行环境。对于计算机网络服务器来说，运行的环境是非常重要的。其中所指的环境主要包括运行温度和空气湿度两个方面。网络服务器与电力的关系是非常紧密的，电力是保证其正常运行的能源支撑基础，电力设备对于运行环境的温度和湿度要求通常比较严格，在温度较高的情况下，网络服务器与其电源的整体温度也会不断升高，如果超出温度耐受临界值，设备会受到不同程度的损坏，甚至会引发火灾。

如果环境中的湿度过高,网络服务器中会集结大量水汽,很容易引发漏电事故,严重威胁使用人员的人身安全。

第二,网络服务器安全维护意识。系统在运行期间,如果计算机用户缺乏基本的网络服务器安全维护意识,缺少有效的安全维护措施,对于网络服务器的安全维护不给予充分重视,终究会导致网络服务器出现一系列运行故障。与此同时,如果用户没有选择正确的防火墙软件,系统不断出现漏洞,用户个人信息极易遭泄露。

第三,服务器系统漏洞问题。计算机网络本身具有开放自由的特性,这种属性既存在技术性优势,在某种程度上也会对计算机系统的安全造成威胁。一旦系统中出现很难修复的程序漏洞,黑客就可能借助漏洞对缓冲区进行信息查找,或攻击计算机系统,这样一来,不但用户信息面临泄露的风险,计算机运行系统也会遭到破坏。

2.4　现代计算机的特点

现代计算机主要具有以下一些特点。

1. 运算速度快

计算机内部的运算是由数字逻辑电路组成的,可以高速而准确地完成各种算术运算。当今计算机系统的运算速度已达到每秒万亿次,微机也可达每秒亿次以上,使大量复杂的科学计算问题得以解决。例如,卫星轨道的计算、大型水坝的计算、24 h 天气预报的计算等,过去人工计算需要几年、几十年,如今,用计算机只需几天甚至几分钟就可完成。

2. 计算精度高

科学技术的发展,特别是尖端科学技术的发展,需要高度精确的计算。计算机的精度主要取决于字长,字长越长,计算机的精度就越高。计算机控制的导弹能准确地击中预定的目标,是与计算机的精确计算分不开的。一般计算机可以有十几位甚至几十位(二进制)有效数字,计算精度可由千分之几到百万分之几,是普通计算工具所望尘莫及的。

3. 存储容量大

计算机要获得很强的计算和数据处理能力,除了依赖计算机的运算速度外,还依赖于它的存储容量大小。计算机有一个存储器,可以存储数据和指令,计算机在运算过程中需要的所有原始数据、计算规则、中间结果和最终结果,都存储在这个存储器中。计算机的存储器分为内存和外存两种。现代计算机的内存和外存容量都很大,如微型计算机内存容量一般都在 512 MB(兆字节)以上,最主要的外存——硬盘的存储容量更是达到了太字节(1 TB=1 024 GB,1 TB=1 024×1 024 MB)。

4. 逻辑运算能力强

计算机在进行数据处理时,除了具有算术运算能力外,还具有逻辑运算能力,可以通过对数据的比较和判断,获得所需的信息。这使得计算机不仅能够解决各种数值计算问题,还能解决各种非数值计算问题,如信息检索、图像识别等。

5. 自动化程度高

由于计算机具有存储记忆能力和逻辑判断能力,因此,人们可以将预先编好的程序存入计算机内,在运行程序的控制下,计算机能够连续、自动地工作,不需要人的干预。

6. 支持人机交互

计算机具有多种输入/输出设备,配置适当的软件之后,可支持用户进行人机交互。当这种交互性与声像技术结合形成多媒体界面时,用户的操作便可达到简捷、方便、丰富多彩。

2.5　计算机的科学应用

1. 科学计算领域

从 1946 年计算机诞生到 20 世纪 60 年代,计算机的应用主要是以自然科学为基础,以解决重大科研和工程问题为目标,进行大量复杂的数值运算,以帮助人们从烦琐的人工计算中解脱出来。其主要应用包括天气预报、卫星发射、弹道轨迹计算、核能开发利用等。

2. 信息管理领域

信息管理是指利用计算机对大量数据进行采集、分类、加工、存储、检索和统计等。从 20 世纪 60 年代中期开始，计算机在数据处理方面的应用得到了迅猛发展。其主要应用包括企业管理、物资管理、财务管理、人事管理等。

3. 自动控制领域

自动控制是指由计算机控制各种自动装置、自动仪表、自动加工设备的工作过程。根据应用又可分为实时控制和过程控制。其主要应用包括工业生产过程中的自动化控制、卫星飞行方向控制等。

4. 计算机辅助系统领域

常用的计算机辅助系统介绍如下：

①CAD(Computer Aided Design)，即计算机辅助设计。广泛用于电路设计、机械零部件设计、建筑工程设计和服装设计等。

②CAM(Computer Aided Manufacture)，即计算机辅助制造。广泛用于利用计算机技术通过专门的数字控制机床和其他数字设备，自动完成产品的加工、装配、检测和包装等制造过程。

③CAI(Computer Aided Instruction)，即计算机辅助教学。广泛用于利用计算机技术，包括多媒体技术或其他设备辅助教学过程。

④其他计算机辅助系统，如 CAT(Computer Aided Test)计算机辅助测试、CASE(Computer Aided Software Engineering)计算机辅助软件工程等。

5. 人工智能领域

人工智能(Artificial Intelligence,AI)是利用计算机模拟人类的某些智能行为，比如感知、学习、理解等。其研究领域包括模式识别、自然语言处理、模糊处理、神经网络、机器人等。

6. 电子商务领域

电子商务(Electronic Commerce,EC)是指通过使用互联网等电子工具(这些工具包括电报、电话、广播、电视、传真、计算机、计算机网络、移动通信等)在全球范围内进行的商务贸易活动。人们不再面对面地看着实物,靠纸等单据或者现金进行买卖交易,而是通过网络浏览商品、完善的物流配送系统和方便安全的网络在线支付系统进行交易。

2.6　计算思维概述

思维是人类所具有的高级认识活动。按照信息论的观点,思维是对新输入信息与脑内储存知识经验进行一系列复杂的心智操作过程。

从人类认识世界和改造世界的思维方式出发,科学思维可分为理论思维(theoretical thinking)、实验思维(experimental thinking)和计算思维(computational thinking)三种。

理论思维:以推理和演绎为特征的推理思维(以数学学科为代表);实验思维:以观察和总结自然规律为特征的实证思维(以物理学科为代表);计算思维:以设计和构造为特征的计算思维(以计算机学科为代表)。

计算机的出现为人类认识和改造世界提供了一种更加有效的手段,而以计算机技术和计算机科学为基础的计算思维必将深刻影响人类的思维方式。

2006 年 3 月,美国卡内基·梅隆大学计算机科学系主任周以真(Jeannette M. Wing)教授在美国计算机权威期刊《Communications of the ACM》杂志上给出并定义了计算思维。周教授认为:计算思维是运用计算机科学的基础概念进行问题求解、系统设计,以及人类行为理解等涵盖计算机科学之广度的一系列思维活动。2010 年,周以真教授又指出计算思维是与形式化问题及其解决方案相关的思维过程,其解决问题的表示形式应该能有效地被信息处理代理执行。

1. 利用计算思维解决问题的一般过程

国际教育技术协会(International Society for Technology in Education,ISTE)和计算机科学教师协会(Computer Science Teachers Association,CSTA)于 2011 年给计算思维做了一个可操作性的定义,即计算思维是一个问题解决的过程,该过程包括以下特点:

①制订问题,并能够利用计算机和其他工具来帮助解决该问题。

②要符合逻辑地组织和分析数据。

③通过抽象(如模型、仿真等),再现数据。

④通过算法思想(一系列有序的步骤),支持自动化的解决方案。

⑤分析可能的解决方案,找到最有效的方案,并且有效结合这些步骤和资源。

⑥将该问题的求解过程进行推广,并移植到更广泛的问题中。

其中抽象(abstraction)和自动化(automation)是计算思维的两大核心特征。抽象是方法,是手段,贯穿整个过程的每个环节。自动化是最终目标,让机器去做计算的工作,将人脑解放出来,中间目标是实现问题的可计算化,体现在成果上就是数学模型、映射算法。

2.计算思维的优点

计算思维吸取了问题解决所采用的一般数学思维方法,现实世界中巨大复杂系统的设计与评估的一般工程思维方法,以及复杂性、智能、心理、人类行为的理解等一般科学思维方法。计算思维建立在计算过程的能力和限制之上,由人与机器执行。计算方法和模型使人们能够去处理那些原本无法由个人独立完成的问题求解和系统设计。

计算思维中的抽象完全超越了物理的时空观,并完全用符号来表示。其中,数学抽象只是一类特例。与数学和物理科学相比,计算思维中的抽象显得更为丰富,也更为复杂。数学抽象的最大特点是抛开现实事物的物理、化学和生物学等特性,仅保留其量的关系和空间的形式,而计算思维中的抽象却不仅仅如此。

3.计算思维的特性

第一,概念化,不是程序化。计算机科学不是计算机编程。像计算机科学家那样去思维意味着远不止能为计算机编程,还要求能够在抽象的多个层次上思维。

第二,是根本的,不是刻板的技能。根本技能是每一个人为了在现代社会中发挥职能所必须掌握的。刻板技能意味着机械的重复。具有讽刺意味的是,当计算机像人类一样思考之后,思维就真的变成机械的了。

第三,是人的,不是计算机的思维方式。计算思维是人类求解问题的一条途径,但决非要使人类像计算机那样思考。计算机枯燥且沉闷,人类聪颖且富有想象力。人类赋予计算机激情,配置了计算设备,就能用自己的智慧去解决那些在计算时代之前不敢尝试的问题,实现"只有想不到,没有做不到"的境界。

第四,数学和工程思维的互补与融合。计算机科学在本质上源自数学思维,因为像所有的科学一样,其形式化基础建筑于数学之上。计算机科学又从本质上源自工程思维,因为人们建造的是能够与现实世界互动的系统,基本计算设备的限制迫使计算机学家必须计算性地思考,不能只是数学性地思考。构建虚拟世界的自由使人们能够设计超越物理世界的各种系统。

第五,是思想,不是人造物。计算机科学不只是人们生产的软件、硬件等人造物以物理形式到处呈现并时时刻刻触及人们的生活,更重要的是还有用以接近和求解问题、管理日常生活、与他人交流和互动的计算概念,而且面向所有的人和所有的地方。当计算思维真正融入人类活动的整体,以致不再表现为一种显式之哲学时,它就将成为一种现实。

计算思维教育不需要人人成为程序员、工程师,而是拥有一种适配未来的思维模式。计算思维是人类在未来社会求解问题的重要手段,而不是让人像计算机一样机械运转。

计算思维提出的初衷有三条:

①计算思维关注于教育。这种教育并非出于培养计算机科学家或工程师,而是为了启迪每个人的思维。

②计算思维应该教会人们该如何清晰地思考这个由数字计算所创造的世界。

③计算思维是人的思维而不是机器的思维,是关于人类如何构思和

使用数字技术，而不是数字技术本身。

计算思维代表着一种普遍的态度和技能，不仅属于计算机专业人员，更是每个人都应学习和应用的思维。

第3章 数据相关知识论述

3.1 数据的概念和分类

3.1.1 什么是数据

作为信息的表现形式和载体,数据(Data)是事实或观察的结果,是对客观事物的逻辑归纳,同时也是用来表示客观事物的、未经加工的原始素材。按照维基百科的定义,数据是指未经过处理的原始记录,是构成讯息和知识的原始资料。在日常生活中,我们经常狭隘地把数据理解为银行卡上的存款数目或者表格中的一条条记录。

从广义上说,任何能够表现信息的事物都可以称之为数据。数据可以是连续的,也可以是离散的,例如声音、高度、温度等就是连续的;文字、数字等就是离散的。

3.1.2 我们生活在数据的世界里

我们无时无刻不在消费着周围的人或者事物提供给我们的数据,与此同时,我们也无时无刻不在产生着各种各样的数据。当我们在电脑前打开搜索引擎,搜索自己想看的电影的时候,就在产生搜索数据;当我们在医院里就诊,医生开出处方的时候,就在产生医疗数据;当我们阅读一本书,遇到精彩的地方情不自禁地把精彩段落摘抄下来的时候,就在产生阅读数据。与此同时,在现今的互联网时代,我们也无时无刻不在消费着别人产生的数据,例如看的电影、阅读的书籍、查看的导航地图、浏览的网页等。

3.1.3 数据的分类

人类分类的习惯由来已久,分类就是把数据样本映射到一个事先定义的类中的学习过程。因为无论是现实世界也好,我们的内心世界也罢,现实和虚拟世界总是千变万化、精彩纷呈的。由于现实和虚拟世界的复杂性,各种各样的不同事物杂乱无章地混合在一起。当我们要使用它们的时候,由于无法知道事物之间的相关性,往往会给我们带来诸多不便,甚至由于许多具有共性的事物没有分类,我们会不断地重复研究它,进而浪费大量的财力、人力和物力。基于这个原因,我们要把性质相近的事物归为一类。与之同理,我们的数据也是千变万化的,医疗记录和搜索记录不同,当然一本书和一个购物清单也很难找出共同点,更不要比较 MP3 音乐数据和导航地图数据了,两者根本风马牛不相及,因此对数据进行分类,进而方便我们阅读、学习和研究也是一项很重要的工作。

1.统计学中的数据

按照不同的分类标准,我们可以把数据分为不同的类型。在统计学中,统计数据主要可以分为三种类型。数据类型Ⅰ、数据类型Ⅱ和数据类型Ⅲ。

（1）数据类型Ⅰ

数据类型Ⅰ包含分类数据、顺序数据和数值型数据。

分类数据（Categorical Data）是对事物进行分类的结果,数据的主要特征是采用文字、数字的代码和其他符号对事物进行简单的分类和分组。例如在 excel 表中的一个列,列里面存放的工资数据或者年龄数据就是分类数据。

顺序数据（Rank Data）也是对事物进行分类的结果,只是这些分类在语义上表现出明显的等级或者顺序关系。例如学生的成绩 A、B、C、D 或者电子商务对商品或者店铺的评价打分等。

数值型数据（Numerical Data）是使用自然或者度量衡单位对事物进行测量的结果,表现为具体的数值,例如今天的气温是 26℃,某人的身高是 176cm,家和公司的距离是 20.5km 等。

（2）数据类型Ⅱ

数据类型Ⅱ包含截面数据、时间序列数据和面板数据。

截面数据（Cross－sectional Data）是对多个不同的个体在相同或者近似相同的时间点上收集的数据,它所描述的是某种事物在某一时刻或者某一段时间的变化情况。例如全国各省份在 2022 年的 GDP 数据,北京市在 12:00 的气温数据,酒店在 12 月 12 日的营业情况数据等。

时间序列数据（Time－series Data）是对同一个研究对象在不同时间上收集到的数据,它所描述的是某种现象随着时间而变化的情况。例如某地区一年不同月份的降雨量数据,我国自 1949 年以来的 GDP 数值等。

面板数据（Panel Data）是对若干个单位在不同时间进行重复跟踪调查所形成的数据。例如连续 30 年收集到的北京市人口、受教育程度和就业情况数据等。

（3）数据类型Ⅲ

数据类型Ⅲ即为统计学中的常用数据,包含绝对数、相对数和平均数。

绝对数（Absolute Number）是统计数据的基本表现形式,是其他指标形式形成的基础,绝对数可以表现出统计对象的总体规模和水平。例如人口总数、国民生产总值、进出口贸易总和等。

相对数（Relative Number）是由两个相互联系的绝对数相比得到的,相对数反映的是事物的相对数量。常用的相对数有结构相对数、动态相对数、比较相对数、计划完成相对数等。例如我们描述一个人完成的工作量,如果完成了 50% 说明这个人的工作做完了一半,如果完成了 100% 说明工作全部完成,如果大于 100% 说明已经超额完成了工作。

平均数（Average Number）反映的是统计对象总体的平均水平。例如班级数学考试平均成绩 75 分,今天平均温度为 25℃ 等。

2.计算机科学中的数据

在计算机科学中,数据是指所有能输入到计算机并被计算机程序处理的符号的总称。各种字母数字和符号的组合、语音、图形、图像等都是计算机科学中的数据。计算机中的数据是以二进制信息单元 0 和 1 的形式进行存储的,但是为了使数据更容易为人类所理解,或者说为了使计算机和人类能够更好的交互,我们通常采用一些技术手段来处理数据。

在计算机科学中,我们通常使用文件和数据库来组织存储数据,例如 Linux 操作系统就是使用文件的形式来存储系统的配置、shell 脚本等信息,磁盘中的数据也是用文件的形式来存储的。数据存储在数据库中主要是为了方便我们进行查询和使用的各种结构化数据,如我们日常生活中使用的人口数据库、征信系统库等。与此同时,我们也采用一些数据结构如线性表、树、图等来方便处理数据。

在计算机科学中为了更加方便的进行人机交互,程序设计过程中还把数据分为整型、浮点型、布尔型等基础数据类型,同时在程序设计中的变量、函数等非基础数据类型也属于计算机科学中的数据范畴。

3.大数据环境下的数据分类

大数据(Big Data),是指无法在可承受的时间范围内用传统 IT 技术和软件对其进行感知、获取、处理和服务的数据集合。

在国外,20 世纪 90 年代就已经有了大数据的萌芽,此时的大数据还处在数据挖掘技术阶段。随着数据挖掘理论和数据库技术的逐步成熟,2004 年,以 FaceBook 的创建为标志,大量的非结构化社交网络数据被创造,传统的数据处理方法难以应对出现的新情况。2005 年 9 月,蒂姆·奥莱利发表《什么是 Web2.0》,他在文中断言"数据将是下一项技术核心"。2010 年,随着肯尼斯·库克尔在《经济学人》上发表的一份关于管理信息的特别报告——《数据,无所不在的数据》,"大数据"一词被科学家和计算机工程师广泛认可。

大数据来源于交易数据、交互数据及传感数据的海量数据的集合,其中大部分是半结构化或者非结构化数据,其规模和复杂度都超出现有常用技术处理能力的范围。大数据的 4V 特性是体量大(Volume)、类型多(Variety)、速度快(Velocity)和蕴含价值(Value)。虽然大数据的数据包含巨量的非结构化数据,但是大数据肯定也包含传统的结构化数据,例如我们现有的应用中的数据库数据等。值得注意的是,体量巨大的非结构化数据是大数据研究的主要内容,也是大数据科学需要关注和研究的重点。

3.1.4　数据科学

数据科学(Data Science)是关于数据的科学,定义为研究探索数据内涵的理论、方法和技术的学科。数据科学的内涵一方面是研究数据本身,另一方面是为自然科学和社会科学研究提供新理论、新方法。

数据科学利用计算机的运算能力对数据进行处理,从数据中提取信息,进而形成"知识"。在信息技术迅速发展的时代,特别是进入大数据时代以来,数据科学越来越受到广大科研人员的重视。数据科学主要研究的内容有以下几个方面。

1. 基础理论研究

人类和其他动物的最大区别在于能够判断和逻辑推理,但是在研究逻辑推理的同时,同样要研究数据自然界中的观察方法,研究数据推理的理论和方法。在数据科学领域的基础理论研究主要包含数据的存在性、数据测度、时间、数据代数、数据相似性与簇论、数据分类等方面。

2. 实验和逻辑推理方法研究

实验和逻辑推理方法研究首先在现有科学理论知识的基础上建立科学假说,然后以实验和现有理论体系为支撑,认识数据内在的变化形式和变化规律,从而揭示自然界和人类行为相关的现象和规律。

3. 领域数据学研究

领域数据学主要用来进行学科间交叉,主要内容是将数据学的理论和方法,应用于许多非数据学领域,从而形成专门针对特定学科领域的数据学,例如生物数据学、气象数据学、金融数据学、地理数据学、分析化学、天文数据学等。

4.数据资源的开发利用方法和技术研究

数据资源是重要的现代战略资源,其重要程度将越来越凸显。大数据科学就是广泛利用现有数据科学的相关理论和知识进行机器学习和数据挖掘,进而产生价值,为人类社会的发展和我们的日常生活提供各种便利和服务。

3.2　常用的数据采集方法

3.2.1　数据采集的概念

在大数据时代,数据的重要性无可置疑,但是如何能够获取到数据,即数据的采集,是进行大数据分析的基础,同时亦是构成大数据科学的不可或缺的一环。

数据采集(Data Acquisition,DAQ)又称为"数据获取"或"数据收集",是指从传感器和其他待测设备等模拟和数字被测单元中自动采集非电量或者电量信号,送到上位机中进行分析、处理。数据采集主要是对现实世界进行采样,以便产生可供计算机处理的数据的过程。

我们日常生活中就医时使用水银体温计或者电子体温计测量体温,在驾驶车辆的时候使用倒车雷达,在马路旁正在正常运转的视频监控,包括我们使用键盘打字,都可以称之为一个个数据采集过程。

在数据采集过程中,被采集的数据通常是已经通过各种传感器或者利用其他物质的特有性质转换为电讯号的各种物理量,例如我们常用到的电子体重秤中的压感传感器,电子体温计的热敏传感器,智能声控灯的声敏传感器等。我们可以把这些传感器想象为我们的鼻子、眼睛、嘴巴和皮肤,我们人类能够感知周围不同的事物,看到不同的风景,听到大自然的各种声音,感受到风吹过自己,就是因为眼睛能感光、耳朵能听到声音、皮肤能感受外界冷热和压力变化。

一般通过传感器来采集物理量都是采用采样的方式,即在一定的时间间隔内(称为一个采样周期)对同一个点进行数据的采集,采集出来的数据可以是瞬时值也可以是某段时间内一个特征值,我们可以简单将它理解为通讯技术中的模拟信号和数字信号。数据采集一个重要特点或者一个硬性要求就是准确的数据测量。准确的数据测量是数据采集的基础,这一点很好理解,假设我们需要完成一道需要大量计算的数学题,如果我们一开始使用的题目中给的数学条件就是错误的,那么即使我们后来使用的模型非常好、运算非常精确、推论无懈可击也很难或者说根本不可能得到正确的结果。

随着科学理论和技术条件的不断发展,各个不同时期的数据采集方式也是不尽相同的,下面我们分别阐述传统的数据采集和大数据环境下的数据采集。当然在介绍他们的数据采集方式之前,我们首先需要分别阐述一下他们的数据来源。

3.2.2 传统的数据来源

传统的数据结构相对比较简单,来源比较单一,以结构化数据为主,数据的主要来源可以分为以下几种。

1. 内部系统产生的数据

企业或者部门在内部运作、对外服务的过程中会产生大量的数据。例如,一个大型企业的内部人事资源管理系统,会在企业运作过程中产生大量的人员入职、调岗、离职等与人事管理相关的数据;物流公司在利用其物流仓储系统给客户提供物流服务的同时,会产生大量的和物流相关的数据;政府部门在进行公文流转的过程中或者为广大人民群众提供服务的过程中,也会产生大量的数据。

2. 互联网或者其他工具产生的数据

就好像在网络上有人进行的调侃"内事不决问百度,外事不决问谷歌",互联网搜索引擎无疑是一个可供我们随时查阅的巨型数据库。只要技术条件允许,我们几乎可以从互联网上获取到所有我们需要使用的数据,但是这些数据往往卷帙浩繁,过多的垃圾信息和无用信息往往使我们在使用互联网引擎进行搜索的时候变得无所适从,这就需要我们拥有一定的信息检索能力。海量的价值密度低且种类多样的数据也是大数据行业的飞速发展和大数据科学产生的催化剂。

3.市场调研产生的数据

一些工作由于对其数据的时效性和真实性要求比较高,或者我们仅仅需要某一地区的某一特定时间段的数据信息,同时通过其他途径我们很难或者根本不可能得到相关数据,在这种情况下,我们往往会采用市场调研的方式获取数据。

常用的市场调研方式包括网络问卷调查、电话调查、纸质问卷调查、实地走访等。这种调查往往对被调查人群的选择、调查地区的选择、调查时段的选择都有一定的要求,耗费的时间比较长,调查难度大,资金花费较高。

一般情况下,市场调查为了保证期客观性和真实性,往往会请一些专业的调研机构进行调查,比较知名的市场调研公司有 AC 尼尔森、益普索、盖洛普、央视市场研究 CTR 等。

4.其他来源的数据

我们可以使用花费金钱的方式或者通过其他途径获取数据。例如,如果一个公司想要做和电子地图方面相关的工作,但是该公司又没有地图采集资质。在这种情况下,该公司就可以在遵守相关法律法规规定的前提下使用现有的可供免费使用的电子地图,或者从第三方有地图测绘采集资质的公司购买地图数据库。

3.2.3　传统的数据采集

针对不同种类传统的数据来源,传统数据采集方式也不尽相同。针对内部数据,我们可以采用查询数据库的方式获取到所需要的数据。针对互联网数据,我们采集数据的主要途径是通过互联网搜索引擎或者爬虫工具等,通过输入搜索关键字或者采取一定的爬取规则来获取我们所需要的数据信息。针对市场调研数据,如果是互联网问卷调查只需要进行查询或者执行数据库导出操作,对于其他方式的调查,还需要多一个数据录入的过程。

3.2.4 大数据环境下的数据来源

大数据研究的是数据的全体,因此大数据环境下的数据重要特征之一,是数据来源复杂,即大数据 4V 特性的多样性(Variety)。

随着传感器、智能穿戴和社交技术的飞速发展,数据的组织形式变得越来越复杂,除了包含传统的关系型数据库中的数据之外,大数据的数据格式还包括非结构化的社交网络社交数据、监控产生的视频音频数据、传感器数据、交通数据、互联网文本数据等各种复杂的数据,下面选择几种主要非结构化数据进行详细阐述。

1. 社交数据

社交数据是指通过用户使用社交网络平台如 QQ、微博、微信、Facebook 等产生的数据。2015 年全球调研巨头凯度集团连续第二年发布了《中国社交媒体影响报告》。该报告指出,社交媒体的使用正在从大城市里接受过高等教育的年轻人群扩张到更小的城市、更多年龄组别和教育水平不那么高的人群。另外,随着中国人越来越多地使用移动互联网,腾讯的微信已经成为了中国社交媒体领域的霸主。

2. 传感器数据

随着互联网的飞速发展,物联网的概念正在被广泛接受。物联网(Internet Of Things,IOT)顾名思义就是指物物相连的互联网。物联网是新一代信息技术的重要组成部分,如果把互联网的功能结构比喻为人类的大脑,那么物联网就是互联网的神经系统,负责感知各种现实生活或者虚拟世界的变化。物联网的数据主要依靠各种类型的传感器来获得,如视频采集器、音频采集器、空气传感器、水系传感器等,这些通过传感器产生的传感数据也是大数据的一个重要数据来源。

3. 视频音频数据

视频音频数据主要是指通过视频、音频监控产生的相关数据,如沃尔玛、国美等大型超市通过自身的视频监控系统产生的大量的视频监控数据。他们可以通过整理、观察、分析这些数据研究超市物品的摆放；通过浏览顾客的消费过程进而改进设施，改善服务来提高自己的销售状况。交通管理局可以通过对公路上的摄像头拍摄的视频监控信息的收集整理来进行分析，进而更加直观的了解城市交通状况。

4.互联网文本数据

互联网文本数据主要是指互联网中各种各样的网页所包含的数据，根据相关统计，世界上最近一月的网页数据的数量已经超过 400 亿。

5.其他数据

其他数据是指通过企业内部、市场调研等传统方式产生的数据。这些数据的主要特点是数据量较小，数据结构相对简单但是数据价值较高，同时有时会包含一些商业机密等机要信息，一般获取成本较大或者根本无法获取。

3.2.5 大数据环境下的数据采集方法

随着大数据时代的到来，由于数据源较传统数据源发生了变化，因此数据的采集方式也相应发生了改变。针对不同数据源，主要有以下几种常见的大数据时代常用的数据采集方法。

1.采集系统日志

在大数据时代，很多互联网企业特别是大型的互联网企业，每天都有很大的业务流水量，他们往往会在一些现有的开源框架的基础上开发出自己的海量数据采集工具，这些海量数据采集工具多用于系统日志的采集。这些数据采集工具均能满足每秒数百兆的日志数据采集和传输需求。

2.采集网络数据

网络数据采集主要是通过一些网页数据获取工具，如网络爬虫或者通过网站公开的 API(Application Programming Interface,应用程序编程接口)等方式从网站上获取数据信息。这些数据采集方法可以将网页数据或者其他数据从网站上抽取出来,统一存储到本地。网络爬虫支持网页上的视频、音频等文件或者附件的采集,极大地降低了数据采集工作的难度,增加了数据采集效率。

Apache Nutch(https://nutch.apache.org/)是一个可扩展的开源网络爬虫软件。Nutch 使用开源 Java 实现,提供了运行搜索引擎所需的全部工具,包括全文搜索和 Web 爬虫。

3. 其他数据采集方法

对于企业在生产经营过程中产生或者科研机构通过一定的科学研究所产生的,具有一定商业价值或者保密性质要求较高的数据,可以通过与企业或者相关研究机构合作,通过购买或者需求合作等方式采集数据。与此同时也有一些公共机构发布了可供研究使用的大规模数据集。

数据堂(http://www.datatang.com/)是一家专注于互联网综合数据交易和服务的公司,其提供的服务包括数据交易、数据定制、移动应用数据服务等,数据品类包含语音识别、健康医疗、交通地理、电子商务、社交网络、图像识别、统计年鉴等,同时也提供与科学研究相关的涉及生物、化学、农业科学等方面的数据信息。

中国气象数据网(http://data.cma.cn/site/index.html)是提供气象资料共享的公益性网站,该网站由一个主节点和分布在国家级和省级气象部门的若干个分节点网站组成。国家气象信息中心负责中国气象科学数据共享服务网的建设和管理。中国气象局国家气象信息中心是中国气象学科的国家级数据中心,负责承担全国和全球范围的气象数据及其产品的收集、处理、存储、检索和服务。该网站提供了全球高空探测资料、地面观测资料、海洋观测资料、数值分析预报产品,我国农业气象资料、地面加密观测资料、天气雷达探测资料、飞机探测资料、风云系列卫星探测资料、数值预报分析场资料、GPS－Met、GOES－9 卫星云图资料、土壤墒情、飞机报、沙尘暴监测、TOVS、ATOVS、风廓线资料等。

3.3 常用的数据采集工具

3.3.1 传统数据采集的常用工具

传统数据的特点是数据来源比较单一,数据结构相对比较简单,以结构化数据为主,针对这部分数据,不同的类型可以采用不同的数据采集工具。

1.内部系统产生的数据

企业或者部门在内部运作、对外服务的过程中产生的大量的数据是内部系统产生数据的主要来源,针对这些数据,我们可用使用以下几个工具进行采集。

使用内部系统的自带工具或者功能模块进行数据采集。在一般的内部系统如管理系统中都自带搜索和查询工具,用户只需要轻点鼠标或者输入相应的关键词即可实现数据的获取。

如果对系统拥有完全自主的使用和修改权利,我们也可以使用数据库管理系统,通过数据库查询语句或者使用图形界面工具实现数据的收集。

我们也可以通过 SQL(Structured Query Language,结构化查询语言)来实现数据库的查询功能。

我们还可以通过使用 update(更新)实现数据库更新操作,insert(插入)实现数据项的插入操作,count(计数)实现计数工作以及使用 join(结合)实现连接。除此之外 Navicat for MySQL 还可以通过图形界面化的操作实现数据的转储和数据库导入操作。

内部系统产生的数据除了使用 MySQL 数据库存储外,其他市面上流行的主流数据库还包括 Oracle、SQL Server 等,他们的图形界面和 SQL 语句都和 MySQL 很类似。

内部系统产生的数据除了用数据库存储,另外一种常用的存储方式是文件,一般使用文件主要用来存储数据量较小的信息,如系统的配置信息或者脚本文件、系统的帮助文档等。一般这类文档只需要使用 Windows 系统自带的记事本或者 Linux 系统中的 Vi 编辑器就可以查看。

2.互联网或者其他工具

随着互联网的飞速发展,互联网搜索引擎无疑是一个可供我们随时查阅的巨型数据库。只要技术条件允许,我们几乎可以从互联网上获取到所有我们需要使用的数据。互联网搜索主要依靠搜索引擎,通过输入关键字来查找相关的信息。

另外,对于专业数据获取,可以使用专业的学术搜索引擎,比较知名的有中国知网、谷歌学术等。

3.市场调研数据

一般情况下,市场调查为了保证其客观性和真实性,往往会请一些专业的调研机构进行调查,这种方法一般都是把自己需要调查的内容描述清楚形成文档,然后以外包的形式给提供第三方调研机构。

为了节省成本,对于一般的小型调查我们可以在网上使用免费的互联网问卷调查平台进行调查。

4.其他来源数据

我们也可以通过其他途径获取数据,在遵守相关法律法规规定的前提下,我们可以通过合作伙伴提供、花费金钱购买、利用免费公共资源等方式获取数据,一般这种情况下都会有专门的工具可供使用。

3.3.2　大数据采集的常用工具

大数据研究的是数据全体,大数据的研究对象除了包含传统的关系型数据库中的数据之外,其数据格式主要是非结构化的社交网络社交数据、监控产生的视频音频数据、传感器数据、交通数据、互联网文本数据等各种复杂的数据,同时由于这些非结构化数据往往数据很多、结构不统一,获取方式也存在一定的交叉,因此在获取方面相对比较困难。与此同时针对这些不同的复杂数据获取工具专业性要求较高,需要一定的学习成本。

对于这部分非结构化数据,除了一些机构提供了免费的公共 API,最主要的数据获取方式是通过网络爬虫来进行获取,下面我们重点阐述网络爬虫。

1. 网络爬虫的概念和原理

网络爬虫(Crawler)作为搜索引擎的基础构件之一是搜索引擎的数据来源。网络爬虫的性能直接决定了系统的及时更新程度和内容的丰富程度,直接影响着整个搜索引擎的效果。

我们可以把网络爬虫想象成一个在网格上爬来爬去的虫子,网页中的 URL(uniform resource locator,统一资源定位系统)就相当于网格的边框,网络爬虫通过一个网页的 URL 爬取到另一个网页就相当于虫子从一个网格沿着边框爬到另一个网格,这样就完成了一次网络爬取。通用网络爬虫的基本原理如图 3.1 所示。

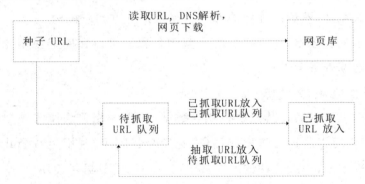

图 3.1　通用网络爬虫的基本原理

为了爬取网页数据,首先我们需要一组精心挑选的 URL 作为爬虫起始爬取的种子,然后将这组种子放入待爬取 URL 队列,接下来从待爬取 URL 队列中取出待爬取的 URL,解析该 URL 的 DNS 地址,然后将 URL 对应的网页下载到网页库中完成对该网页的爬取,同时把该 URL 放入已抓取 URL 队列,此外如果网页中含有其他 URL,那么抽取这些 URL 放入待抓取 URL 队列。依次在待抓取 URL 队列、网页库和已抓取 URL 队列之间循环,直到爬取结束即完成了网页爬取。

2.网络爬虫的常用爬取策略

通过以上介绍我们很容易得到一个结论,网络爬虫的性能高低关键在于网络爬虫的爬取策略。爬取策略是指网络爬虫的爬取规则,即网络爬虫在获取到 URL 之后在待抓取 URL 中应该采用什么策略进行爬取。常见的爬取策略有深度优先策略、宽度优先策略、反向链接数策略、OPIC (Online Page Importance Computation,在线页面重要性计算)策略、大站优先策略等,下面通过例子分别介绍一下他们的具体内容。

假设图 3.2 中的每一个节点代表一个网页,箭头符号表示箭尾的网页有 URL 指向箭头对应的节点。

图 3.2　网页 URL 示意图

(1)深度优先遍历策略

深度优先遍历策略是在网络爬虫发展早期常用的爬取策略,深度优先遍历策略的核心是使用回溯法,即选取一个 URL 作为爬取的初始位置,然后选择在该网页中的一条 URL 进行爬取,依次类推直到爬取到一个不包含任何超链接的 HTML 文件为止。

使用深度优先遍历策略的优点是显而易见的,首先算法简单,类似于图论中的深度优先遍历算法,其次能够遍历一个完整的 Web 站点或者嵌套层次较深的 Web 站点。但是深度优先遍历策略也其自身的缺点,如果网页嵌套层次太深,可能网络爬虫会出现"进得去,出不来"的情况,特别是在网络数据飞速发展的今天。

(2)宽度优先策略

在宽度优先策略中首先抓取完一个已抓取网页中的所有 URL,然后抓取所有这些 URL 对应的页面,依次类推,一直到抓取完成,就好像在一个大型企业中,总公司把通知下发到各个分公司,各个分公司再把通知下发到各个分支机构一样。例如在图 3.2 中,在抓取网页 A 完成后,按照宽度优先策略,需要抓取的是 B、E、G、H、I,由于 G、H、I 页面没有 URL 链接,因此抓取停止,对于 B 接下来要抓取的页面是 C,对于 E 接下来要抓取的是页面 F,由于 F 页面没有 URL 链接,抓取停止,C 页面有 URL 指向页面 D,在页面 D 抓取完成后,D 中没有 URL 整个抓取完成,即宽度优先策略可能的页面抓取顺序为 ABEGHICFD。

（3）OPIC 策略

OPIC 策略其核心思想是认为一般情况下如果一个网页被别的网页指向的次数越多,那么这个网页就越重要。体现在爬取策略上,就是对页面的重要性进行打分。在算法开始前,给所有页面一个相同的初始值,即认为此时网页的重要程度相同。当下载了某个页面之后,将该页面的值平均分配给所有从该页面中分析出的链接,对于待抓取 URL 队列中的所有页面按照值的大小进行降序排序,值大的优先抓取。

（4）大站优先策略

大站优先策略基于这样一个前提,即一般情况下影响力较大的网站网页的质量会比其他影响力较小的网站网页质量高。例如我们日常生活中购物的时候总是会在潜意识中认为在亚马逊或者京东购物会比一些名不见经传的小型购物网站购物要安全可靠得多。对网页中待爬取的 URL 依照所属网站的影响力或者其他量化标准进行排名,影响力大的优先爬取,这就是大站优先策略。

第 4 章　计算机中数据的表示

在计算机科学中,计算机数据是指所有能输入计算机并被计算机程序处理的符号的介质的总称,是用于输入电子计算机进行处理,具有一定意义的数字、字母、符号和模拟量等的统称。现在计算机存储和处理的对象十分广泛,表示这些对象的数据也随之变得越来越复杂。计算机数据一般具有双重性、多媒体性和隐蔽性等特点。

计算机中的数据可以是连续的值,比如声音、图像,称为模拟数据;也可以是离散的,如符号、文字,称为数字数据。计算机中的数据可分为数值型数据和非数值型数据,数值型数据是表示数量,可以进行数值运算的数据类型。数值型数据由数字、小数点、正负号和表示乘幂的字母 E 组成,数值精度达 16 位。在计算机编程语言中,按存储、表示形式与取值范围不同,数值型数据又分为多种不同类型:数值型、浮点型(单精度型,双精度型)和整型等。非数值数据包括符号、文字、语音、图像、视频等。所有数据在计算机内部均以二进制编码形式表示。计算机数据表示是指处理机硬件能够辨认并进行存储、传送和处理的数据表示方法。

本章主要介绍数制及不同进制数的转换、数值数据的表示方法、数字和字符数据的编码表示方法、汉字的编码表示方法、多媒体数据表示方法。

4.1　数制及不同进制数的转换

4.1.1　数制与表示法

计数时,当某一位的数字达到某个固定值时,就向高位产生进位,这种按进位的原则进行计数的方法称为进位计数制,简称数制。在日常生活中最常用的数制是十进制。此外,也使用许多非十进制的计数方法,例如,计时采用的是六十进制;年份采用十二进制。不论哪种数制都由数字或字母、基数和位权组成。

每个数都由数字或数字和字母组成,进位计数制中所有的不同数字和字母的个数称为进位计数制的基数。例如十进制计数制是由 0,1,2,3,4,5,6,7,8,9 共计 10 个数字组成,则十进制的基数是 10。

位权是数制中每一固定位置对应的单位值。对于多位数而言,位权表示处在某一位上的"1"所表示的数值的大小,不同位置上的数字所代表的值是不同的,每个数字的位置决定了它的值或者位权。例如,十进制数第 2 位的位权为 10,第 3 位的位权为 100,而二进制第 2 位的位权为 2,第 3 位的位权为 4。位权与基数的关系:各进位制中位权的值是基数的若干次幂。

1. 十进制数及其特点

十进制数是使用数字 0,1,2,3,4,5,6,7,8,9 来表示数值且采用"逢十进一"的进位计数制。十进制数的基数为 10,各位的位权是以 10 为底的幂。例如,十进制数 2836.45 可表示为:

$$2836.45 = 2 \times 10^3 + 8 \times 10^2 + 3 \times 10^1 + 6 \times 100 + 4 \times 10^{-1} + 5 \times 10^{-2}$$

我们称此式为十进制数 2836.45 的按位权展开式。

2. 二进制数及其特点

二进制数的基本特点是基数为 2,用两个数码 0,1 来表示,且逢二进一,因此,二进制数各位的位权是以 2 为底的幂。例如,二进制数 1101.0101 可表示为:

$$1101.0101 = 1 \times 2^3 + 1 \times 2^2 + 0 \times 2^1 + 1 \times 2^0 + 0 \times 2^{-1} + 1 \times 2^{-2} +$$
$$0 \times 2^{-3} + 1 \times 2^{-4}$$

3. 八进制数及其特点

八进制数的基本特点是基数为 8,用 0,1,2,3,4,5,6,7 共计 8 个数字符号来表示,且逢八进一,因此,八进制数各位的位权是以 8 为底的幂。例如,八进制数 7568.342 可表示为:

$$7568.342=7\times8^3+5\times8^2+6\times8^1+8\times8^0+3\times8^{-1}+4\times8^{-2}+2\times8^{-3}$$

4.十六进制数及其特点

十六进制数的基本特点是基数为 16,用 0,1,2,3,4,5,6,7,8,9,A,B,C,D,E,F 共 16 个数字符号来表示,且逢十六进一,因此,十六进制数各位的位权是以 16 为底的幂。例如,十六进制数 5E8D.2A7 可表示为:

$$5E8D.2A7=5\times16^3+E\times16^2+8\times16^1+D\times16^0+2\times16^{-1}+$$
$$A\times16^{-2}+7\times16^{-3}$$

总之,无论哪一种数制,其计数和运算都具有共同的规律与特点。采用位权表示法的数制具有以下 3 个特点:

①数字的总个数等于基数。例如,十进制使用 10 个数字(0~9)。

②最大的数字比基数小 1。例如,八进制中最大的数字为 7。

③每个数字都要乘以基数的幂次,该幂次由每个数字所在的位置决定。

对 R 进制数,其基数为 R,用 $0,1,2,\cdots,R-1$ 共 R 个数字符号来表示,且逢 R 进一,因此,R 进制各位的位权为 R 为底的幂。一个 R 进制数 X 的按位权展开式为:

$$X=A_{a-1}\times R^{n-1}+A_{a-2}\times R^{n-2}+\cdots+A_1\times R^1+A_0\times R^0+$$
$$A_{-1}\times R^{-1}+\cdots+A_{-m}\times R^{-m}=\sum_{i=-m}^{n-1}A_iR^i$$

其中 n 为整数位数(最低位为 0 位),m 为小数位数,A_i 为该数 X 的第 i 位数字,R 为进制数,R_i 为该数第 i 位的权。

需要注意的是,为了区别各种计数制,可用下标来表示各种计数制,如十进制 $(235)_{10}$,二进制 $(1101)_2$ 等。有时也常用字母 B,O,D 和 H 分别来表示二进制、八进制、十进制和十六进制数。例如,$(10011)_2$ 可表示为 10011B,$(9A)_{16}$ 可表示为 9AH。

4.1.2　不同数制间的转换

1.将 R 进制数转换为十进制数

将一个 R 进制数转换为十进制数的方法是先按权位展开,再按十进制运算法则依次相加。

例如,将二进制数$(101101.101)_2$转换为十进制数。

$$(101101.101)_2 = 1 \times 2^5 + 0 \times 2^4 + 1 \times 2^3 + 1 \times 2^2 + 0 \times 2^1 + 1 \times 2^0 +$$
$$1 \times 2^{-1} + 0 \times 2^{-2} + 1 \times 2^{-3} = (45.625)_{10}$$

2. 将十进制数转换为 R 进制数

将十进制数转换为等值的二进制数、八进制数和十六进制数的方法是分别对整数部分和小数部分进行转换。

整数部分(基数除法):连续除以基数 R,直到商为 0 为止,再将每次得到的余数按逆序排列,即为 R 进制数的整数部分。

小数部分(基数乘法):连续乘基数 R,直到积为整数为止,再将得到的整数部分按顺序排列,即为 R 进制数的小数部分。

3. 二进制数、八进制数、十六进制数的相互转换

二进制数、八进制数和十六进制数之间的相互转换很有实用价值。由于这 3 种进制的权之间存在内在联系,即 $2^3 = 8, 2^4 = 16$,因而它们之间的转换比较容易,即每位八进制数相当于 3 位二进制数,每位十六进制数相当于 4 位二进制数。

在转换时,位组划分是以小数点为中心向左右两边进行的,中间的 0 不能省略,两头不足时可以补 0。

如果要将八进制数转换成等值的十六进制数,可以先将八进制数转换成二进制数,再把二进制数转换成十六进制数,反之亦然。例如,$(32)_8 = (11010)_2 = (1A)_{16}$。

4.1.3 转换位数的确定

在进行数制转换时,必须保证转换后数据的精度。对于 α 进制数的整数部分,理论上都可以准确地转换为对应 β 进制数的有限位整数,因而原理上不存在转换精度的问题。但对于 α 进制数的小数部分,当转换为 β 进制数小数时,会出现循环或不循环小数的情况。例如,$(0.2)_{10} = (0.00110011\cdots\cdots)_2$,因而,可根据转换精度要求确定转换所得的小数的

位数。

设 α 进制数的小数为 k 位,为保证转换精度,转换后需取 j 位 β 进制小数,则有

$$(0.1)_\alpha^k = (0.1)_\beta^j$$

将其转换为十进制数中的等式,即

$$(\frac{1}{\alpha})^k = (\frac{1}{\beta})^j$$

对等式两边都取以 α 为底的对数,则得

$$k \log_\alpha (\frac{1}{\alpha}) = j\log_\alpha (\frac{1}{\beta})$$

即

$$k \log_\alpha \beta = j \frac{\lg\beta}{\lg\alpha}$$

或

$$j = k \frac{\lg\alpha}{\lg\beta}$$

取 j 为整数,因此 j 应满足

$$k \frac{\lg\alpha}{\lg\beta} \leqslant j < k \frac{\lg\alpha}{\lg\beta} + 1$$

4.2　数值数据的表示方法

4.2.1　计算机中信息的存储单位

1. 位(bit)

位是二进制数位的简称,代表二进制码的一个位数 0 或 1,是计算机信息的最小存储单位,实际应用中常用多个比特组成更大的信息单位。计算机有 8 位、16 位、32 位和 64 位等。

2. 字节(Byte)

字节是由若干个二进制位组成的,简写 B。一个字节通常由 8 个二

进制位组成,即 1 Byte＝8 bit。字节是在信息技术和数码技术中用于表示信息的基本存储单位。

存储容量是存储器的一项很重要的性能指标,由于字节这个单位比较小,因此常用的信息组织和存储容量单位实际上是 KB,MB,GB,TB,PB,EB 等,它们之间以 1024 为进制单位。

千字节(kilobyte,简写 KB),1 KB＝2^{10} B＝1 024 B

兆字节(megabyte,简写 MB),1 MB＝2^{20} B＝1 024 KB

吉字节(gigabyte,简写 GB,即千兆字节),1 GB＝2^{30} B＝1 024 MB

太字节(terabyte,简写为 TB,即兆兆字节),1 TB＝2^{40} B＝1 024 GB

拍字节(petabyte,简写为 PB,即千万亿字节),1 PB＝2^{50} B＝1 024 TB

艾字节(exabyte,简称为 EB,即百亿亿字节),1 EB＝2^{60} B＝1 024 PB

然而,由于在其他领域(如距离、速率、频率)的度量都是以 10 的幂次来计算的,因此磁盘、U 盘、光盘等外存储器制造商也采用 1 MB＝1 000 KB,1 GB＝1 000 000 KB 来计算其存储容量,这与计算机显示的容量有一定的差别。

3. 字(word)

字是计算机用来表示一次性处理事务的一个固定长度的位(bit)组,是计算机存储、传输、处理数据的信息单位。字是计算机进行信息交换、处理、存储的基本单元,由若干个字节组合,1 word＝n Byte。

4. 字长

在同一时间中处理二进制数的位数称为字长。例如,CPU 和内存之间的数据传送单位通常是一个字长,还有内存中用于指明一个存储位置的地址也经常是以字长为单位的。通常称处理字长为 8 位数据的 CPU 为 8 位 CPU,32 位 CPU 则可在同一时间内处理字长为 32 位的二进制数据。现代计算机的字长通常为 16 位、32 位、64 位。

4.2.2　整数的表示

计算机中表示一个整数数据,需考虑整数的长度及正负号的表示。

在计算机中,数的长度是指该数所占的二进制位数,由于存储单元通常以字节为单位,因此,数的长度也指该数所占的字节数。同类型的数据长度一般是固定的,由机器的字长确定,不足部分用 0 补足,即同一类型的数据具有相同的长度,与数据的实际长度无关。例如,某 16 位计算机,其整数占两个字节(即 16 位二进制),所有整数的长度都是 16 位,则$(68)_{10} = (1000100)_2 = (00000000\ 01000100)_2$。

整数数据有正数和负数之分,由于计算机中使用二进制 0 和 1,因此,可以采用一位二进制表示整数的符号,通常用"0"表示正号,用"1"表示负号,即对符号位也可进行编码。

在以下讨论中,假设用 8 位二进制数表示一个整数,用 X 表示数的真值,用$[X]_原$、$[X]_反$、$[X]_补$分别表示原码、反码和补码。

1. 数的原码、反码和补码

(1)原码

原码是一种最简单的表示方法。其编码规则:数的符号用一位二进数表示(称为符号位),与数的绝对值一起编码。

原码表示法虽然简单直接,但也存在缺点:

①零的表示不唯一。由于$[+0]_原 = 00000000$,$[-0]_原 = 10000000$,从而给机器判零带来困难。

②进行四则运算时,符号位需单独处理。例如加法运算,若两数同号,则两数相加,结果取共同的符号;若两数异号,则用大数减去小数,结果取大数的符号。

③硬件实现困难。如减法需要单独的逻辑电路来实现。

(2)反码

反码不常用,是求补码的中间码,其编码规则:正数的反码与原码相同,负数的反码其符号位与原码相同,其余各位取反。

(3)补码

补码是一种使用最广泛的表示方法,其理论基础是模数的概念。例如,钟表的模数为 12,如果现在的准确时间是 3 点,而手表显示时间是 8

点,怎样把手表拨准呢?可以有两种方法:一种是把时针往后拨 5 小时;另一种是往前拨 7 小时。之所以这两种方法效果相同,是因为 5 和 7 对模数 12 互为补数。即一个数 A 减去另一个数 B,等价于 A 加上 B 的补数。

补码的编码规则:正数的补码与原码相同,负数的补码其符号位与原码相同,其余各位取反再在最末位加 1(取反加 1)。PC 采用补码存储数据,因此 CPU 只需有加法器即可。

2. 定点整数

定点整数的小数点默认为在二进制数最后一位的后面。在计算机中,正整数是以原码(即二进制代码本身)的形式存储的,负整数则是以补码的形式存储的。由于正整数的补码与原码相同,所以无论是正整数还是负整数,都是以补码的形式存储的。

用补码表示整数运算时不需要单独处理符号位,符号位可以像数值一样参与运算。

补码的加法:$[X+Y]_{补}=[X]_{补}+[Y]_{补}$

补码的减法:$[X-Y]_{补}=[X]_{补}-[Y]_{补}=[X]_{补}+[-Y]_{补}$

补码的乘法:$[X\times Y]_{补}=[X]_{补}\times[Y]_{补}$

补码运算的结果仍为补码,再将补码转换回原码,即可得到运算的结果。

3. 无符号整数

无符号数是指在字节、字或双字整数操作数中,对应的 8 位、16 位或 32 位二进制数全部用来表示数值本身,无表示符号的位,因而是正整数。

若机器字长为 n,则无符号整数数值范围为 $0\sim(2^n-1)$,无符号(unsigned)整数的类型,取值范围如表 4.1 所示。

在计算机中无符号整数常用于表示地址数。

表 4.1　无符号整数类型取值范围

整数位数	C++类型表示	取值范围
8 位整数	unsigned char	0～255
16 位整数	unsigned short	$0～(2^{16}-1)(0～65\ 535)$
32 位整数	unsigned long	$0～(2^{32}-1)(0～4\ 294\ 967\ 295)$

4.带符号整数

在计算机数据处理中,除了无符号整数外,还有 4 种带符号数,带符号数的表示方法是把二进制的最高位定义为符号位,其余各位表示数值本身。占有 n 个二进制位的带符号数的取值范围是$-2^{n-1}～2^{n-1}-1$,表4.2 表示不同整数类型所占的字节数及可表示的范围。

表 4.2　4 种带符号类型整数

整数类型	字节数	C++类型表示	取值范围
字符型	1	char	$-128～127$
短整数	2	shor	$-32\ 768～32\ 767$
长整数	3	long	$-2\ 147\ 483\ 648～2\ 147\ 483\ 648$
长长整数	4	long long	$-9\ 223\ 372\ 036\ 854\ 775\ 808～$ $9\ 223\ 372\ 036\ 854\ 775\ 807$

有符号数在计算机中以补码的形式存储,无符号数其实就是正数,存储形式是十进制真值对应的二进制数,所以无论是有符号数还是无符号数,都是以补码(相对真值而言)的形式存储的,补码在运算时符号位也会参与。

4.2.3　数的定点表示和浮点表示

数值数据既有正数和负数之分,又有整数和小数之分。在计算机中,对于数值数据小数点的表示方法,有定点表示法和浮点表示法,定点表示法小数点的位置是固定不变的,浮点表示法小数点的位置是浮动变化的。

1.定点表示法

在计算机内部结构中指定一个不变的位置作为小数点的位置。常用的有定点整数和定点小数两种格式。

定点整数表示法是将小数点的位置固定在表示数值的最低位之后,

其一般格式如图 4.1 所示。定点整数表示法只能表示整数,运算时则要求参加运算的数都是整数。如果参加运算的数是小数,则在计算机表示之前需乘以一个比例因子,将其放大为整数。

数值位

符号位　　　　　　　　　　　　　假想小数点

图 4.1　定点整数表示法的一般格式

定点小数表示法是将小数点的位置固定在符号位和数值位之间,其一般格式如图 4.2 所示。定点小数表示法只能表示纯小数(绝对值小于 1 的小数),运算时则要求参加运算的数都是纯小数。如果参加运算的数是整数或绝对值大于 1 的小数,则在计算机表示之前需乘以一个比例因子,将其缩小为纯小数。

符号位

数值位

假想小数点

图 4.2　定点小数表示法的一般格式

对于定点表示法,由于小数点始终固定在一个确定的位置,所以计算机不必将参加运算的数对齐即可直接进行加减运算。当参与运算的数值数据本身就是定点数形式时,计算简单方便。但是,定点表示法需要对参加运算的数进行比例因子的计算,因而增加了额外的计算量。

2.浮点表示法

在科学计算和数据处理中,经常需要处理非常大的数或非常小的数。在计算机的高级语言设计中,通常采用浮点方式表示实数,一个实数 X 的浮点形式(即科学计数法)表示为

$$X = M \times R^E$$

其中,R 表示基数,由于计算机采用二进制,所以基数 $R=2$。E 为 R 的幂,称为数 X 的阶码,其值确定了数 X 的小数点位置。M 为数 X 的有效数字,称为数 X 的尾数,其位数反映了数据的精度。

从上式中可以看出,尾数 M 中的小数点可以随 E 值的变化而左右浮动,因此这种表示法称为浮点表示法。目前大多数计算机多把尾数 M 规定为纯小数,把阶码 E 规定为整数。

一旦计算机定义了基数就不能再改变了,因此浮点表示法无须表示基数。计算机中浮点数的表示由阶码和尾数两部分组成,其中阶码一般用定点整数表示,尾数用定点小数表示。浮点表示法的一般格式如图 4.3 所示。

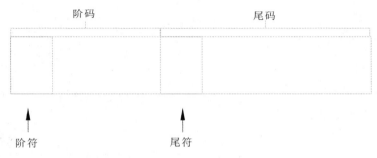

图 4.3　浮点表示法的一般格式

4.2.4　计算机中的基本运算

1. 算术运算

二进制数的算术运算非常简单。它的基本运算是加法和减法,利用加法和减法可以进行乘法和除法运算。

(1)加法运算

两个二进制数相加时,要注意"逢二进一"的原则,并且每一位最多有 3 个数:本位的被加数、加数和来自低位的进位数。

加法运算法则:

$0+0=0$

$0+1=1+0=1$

1＋1＝10（逢二进一）

（2）减法运算

两个二进制相减时，要注意"借一作二"的规则，并且每一位最多有 3 个数：本位的被减数、减数和向高位的借位数。

减法运算法则：

0－0＝1－1＝0

1－0＝1

0－1＝1（借一作二）

（3）乘法运算

乘法运算法则：

0×0＝0

0×1＝1×0＝0

1×1＝1

（4）除法运算

除法运算法则：

0÷1＝0（1÷0 无意义）

1÷1＝1

2. 逻辑运算

逻辑运算是对逻辑量的运算，对二进制数"0""1"赋予逻辑含义，就可以表示逻辑量的"真"与"假"。逻辑运算有 3 种基本运算：逻辑加、逻辑乘和逻辑非。逻辑运算与算术运算一样是按位进行的，但是位与位之间不存在进位和借位的关系。

（1）逻辑加运算（也称或运算）

逻辑加运算符用"∨"或"＋"表示。或运算的运算规则：仅当两个参加运算的逻辑量都为"0"时，或的结果才为"0"，否则为"1"。

（2）逻辑乘运算（也称与运算）

逻辑乘运算符用"∧"或"×"表示。与运算的运算规则：仅当两个参加运算的逻辑量都为"1"时，与的结果才为"1"，否则为"0"。

（3）逻辑非运算（也称非运算）

逻辑非运算符用"～"表示，或者在逻辑量的上方加一横线表示，例如：$\overline{A}$，$\overline{Y}$，或者在逻辑量的右上方加一撇表示，例如：A'，Y'。非运算的运算规则：对逻辑量的值取反，即逻辑量 A 的非运算结果为 A 的逻辑值的相反值。

（4）逻辑异或运算

逻辑异或运算符用"$\oplus$"表示。异或运算的运算规则：仅当两个参加运算的逻辑量相异时，异或的结果为"1"，否则为"0"。

设 A，B 为逻辑变量，它们的逻辑运算关系见表 4.3。

表 4.3　逻辑运算关系

A	B	A∨B	A∧B	A⊕B	$\overline{A}$	$\overline{B}$
0	0	0	0	0	1	1
0	1	1	0	1	1	0
1	0	1	0	1	0	1
1	1	1	1	0	0	0

4.3　数字和字符数据的编码表示

计算机除了用于数值数据计算之外，还要进行大量的数字和字符数据的处理，但各种信息都是要以二进制编码的形式存在的，因此，计算机处理时要对数字和字符进行二进制编码。

1. 数字的编码

在将十进制数输入计算机时，计算机应马上将其转换为二进制数，但是在将所有位的数字输入之前又不可能知道它到底是在百位还是其他位上，因此也就不可能转换得到对应的二进制数，为此人们引入了数字的二进制编码。因此，在计算机输入数字或者输出数字时，都要进行二进制与十进制的相互转换。用于表示十进制数的二进制代码称为二十进制编码（Binary Coded Decimal，BCD）。

BCD 码是二进制编码形式表示的十进制数，它既具有二进制数的形式,可以满足数字系统的要求,又具有十进制的特点。BCD 码的编码方法很多,可分为有权码和无权码两类,常见的有权 BCD 码有 8421 码、5421 码、2421 码,无权 BCD 码有余 3 码、余 3 循环码、格雷码。

(1)8421 码

8421 码是最基本和最常用的 BCD 码,是一种有权码。其编码的方法是用 4 位二进制数表示 1 位十进制数,自左至右每一位对应的位权分别是 8,4,2,1,故称为 8421 码。4 位二进制数有 0000~1111 共 16 种状态,而十进制数只有 0~9 共 10 个数码,8421 码只取 0000~1001 共计 10 种状态。由于 8421 码应用最广泛,所以一般说 BCD 码就是指 8421 码。

设 8421 码的各位为 A_3,A_2,A_1,A_0,则它所代表的值为:

$$X = 8A_3 + 4A_2 + 2A_1 + A_0$$

8421 码编码简单直观,可以容易地实现 8421 码与十进制数之间的转换。

(2)5421 码

5421 码由权 5,4,2,1 的 4 位二进制数组成,它也是一种有权码,其代表的十进制数可由下式算得:

$$X = 5A_3 + 4A_2 + 2A_1 + A_0$$

其中 A_3,A_2,A_1 和 A_0 为 5421 码的个位数(0 或 1)。对同一个十进制数,5421 码可能有多种编码方法。

(3)2421 码

2421 码由权 2,4,2,1 的 4 位二进制数组成,2421 码的特点与 8421 码相似,它也是一种有权码,其代表的十进制数可由下式算得:

$$X = 2A_3 + 4A_2 + 2A_1 + A_0$$

其中 A_3,A_2,A_1 和 A_0 为 2421 码的个位数(0 或 1)。与 8421 码不同的是,对同一个十进制数,2421 码可能有多种编码方法,2421 编码见表 4.4。

表 4.4　2421 编码

十进制数	2421 码		十进制数	2421 码	
	方案 1	方案 2		方案 1	方案 2
0	0000	0000	5	1011	0101
1	0001	0001	6	1100	0110
2	1000	0010	7	1101	0111
3	1001	0011	8	1110	1110
4	1010	0100	9	1111	1111

表 4.4 中的两种 2421 码都只用了 4 位二进制数 16 种组合中的 10 种,方案 1 在十进制数 1 和 2 之间跳过 6 种组合,而方案 2 在十进制数 7 和 8 之间跳过 6 种组合。

需要指出的是,表 4.4 中第三列所给出的 2421 码是一种自反编码,或称对 9 的自补码,只要把这种 2421 码的各位取反,便可得到另一种 2421 码,而且这两种 2421 码所代表的十进制数对 9 互反,例如,2421 码 0100 代表十进制数 4,若将它的各位取反得 1011,它所代表的十进制数 5 恰是 4 对 9 的反。必须注意,并不是所有的 2421 码都是自反代码。

(4)余 3 码

十进制数的余 3 码是由对应的 8421 码加 0011 后得到的,故称为余 3 码。显然,余 3 码 A_3,A_2,A_1,A_0 所代表的十进制数可由下式算得:

$$X = 8A_3 + 4A_2 + 2A_1 + A_0 - 3$$

余 3 码是一种无权代码,该代码中的各位 1 不是一个固定值,因而不直观。余 3 码也是一种自反代码。由表 4.4 可知,4 的余 3 码为 0111,将它的各位取反得 1000,即 5 的余 3 码,而 4 与 5 对 9 互反。

另一个特点:两个余 3 码相加时,所产生的进位相当于十进制数的进位,但对"和"必须进行修正。修正的方法:如果产生进位,则留下的和为 8421 码,需加上 0011 加以修正;如果不产生进位,则加上 1101(13)[或减去 0011(3)],即得和数的余 3 码,最终的进位要看修正时的进位。

(5)格雷码

格雷码(也称循环码)是由贝尔实验室的 Frank Gray 在 1940 年提出

的,用于 PCM(Pusle Code Modulation,脉冲编码调制)方法传送信号时防止出错。格雷码是一个数列集合,它是无权码,它的两个相邻代码之间仅有一位取值不同。典型格雷码是一种具有反射特性和循环特性的单步自补码,它的循环、单步特性消除了随机取数时出现重大误差的可能,它的反射、自补特性使得求反非常方便。格雷码属于可靠性编码,是一种错误最小化的编码方式。

1)二进制码转换成格雷码

二进制码的最高位作为格雷码的最高位,次高位格雷码为二进制码的最高位与次高位相异或,格雷码的其余各位依次类推。设 n 位二进制码为

$$B_{n-1} \ B_{n-2} \cdots \ B_2 \ B_1 \ B_0$$

对应的 n 位格雷码为

$$G_{n-1} \ G_{n-2} \cdots \ G_2 \ G_1 \ G_0$$

则格雷码的最高位保留二进制码的最高位

$$G_{n-1} = B_{n-1}$$

其他各位为

$$G_i = B_{i+1} \oplus B_i, i = 0, 1, 2, \cdots, n-2$$

2)格雷码转换成二进制码

格雷码的最高位作为二进制码的最高位,次高位二进制码为二进制码的最高位与格雷码次高位相异或,二进制码的其余各位依次类推。设 n 位格雷码为

$$G_{n-1} \ G_{n-2} \cdots \ G_2 \ G_1 \ G_0$$

对应的 n 位二进制码为

$$B_{n-1} \ B_{n-2} \cdots \ B_2 \ B_1 \ B_0$$

则二进制码的最高位保留格雷码的最高位

$$B_{n-1} = G_{n-1}$$

其他各位为

$$B_{i-1} = G_{i-1} \oplus B_i, i = 0, 1, 2, \cdots, n-1$$

（6）余 3 循环码

余 3 循环码是变权码，每一位的 1 并不代表固定的数值。十进制数的余 3 循环码就是取 4 位格雷码中的 10 个代码组成的，即从 0010 到 1010（表 4.4），具有格雷码的优点，即两个相邻代码之间仅有一位的状态不同。

2. 字符编码

计算机中的非数值信息也采用 0 和 1 两个符号的编码来表示。

（1）ASCII 码

目前，微型计算机中普遍采用的英文字符编码是 ASCII 码（American Standard Code for Information Interchange，美国国家标准信息交换码）。它采用一个字节来表示一个字符，在这个字节中，最高位为 0（零），低 7 位为字符编码，00000000～01111111（0～127）共代表了 128 个字符。

在这 128 个 ASCII 码字符中，编码 0～31 是 32 个不可打印和显示的控制字符，其余 96 个编码则对应着键盘上的字符。除编码 32 和 128 这两个字符不能显示出来之外，另外 94 个字符均可以显示。

（2）EBCDIC 码

EBCDIC（Extended Binary Coded Decimal Interchange Code）码即扩展的 BCD 码，是 IBM 公司于 1963—1964 年间推出的字符编码表，除了原有的 10 个数字之外，又增加了一些特殊符号、大小写英文字母和某些控制字符的表示，这也是一种字符编码。采用 8 位二进制编码来表示一个字符或数字字符，共可以表示 256 个不同符号，EBCDIC 中只选用了其中一部分，其他的用作扩充。EBCDIC 码主要用于超级计算机和大型计算机。其缺点是英文字母不是连续地排列，中间出现多次断续，为撰写程序的人带来了一些困难。

4.4 汉字的编码表示

汉字符号比西文符号复杂得多，所以汉字符号的编码也比西文符号的编码复杂得多。首先,汉字符号的数量远远多于西文符号,汉字有几万个字符,就是国家标准局公布的常用汉字也有 6 763 个(常用的一级汉字 3 755 个,二级汉字 3 008 个)。一个字节只能编码 $2^8 = 256$ 个符号,用一个字节给汉字编码显然是不够的,所以汉字的编码用了两个字节。其次,这么多的汉字编码让人很难记忆。为了使用户方便迅速地输入汉字字符,人们根据汉字的字形或者发音设计了很多种输入编码方案来帮助人们记忆汉字的编码。为了在不同的汉字信息处理系统之间进行汉字信息的交换,国家专门制定了汉字交换码,又称国标码。国标码在计算机内部存储时所采用的统一表达方式被称为汉字内码。无论是用哪一种输入编码方法输入的汉字,都将转换为汉字内码存储在计算机内。

综上所述,汉字的编码有 3 类:输入编码、内部码和字形码。这 3 类汉字编码之间的关系如图 4.4 所示。

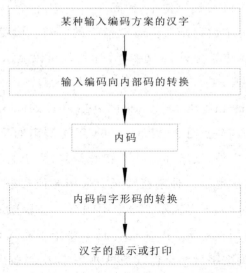

图 4.4　各汉字编码之间的关系

1.汉字的输入编码

汉字的输入方式目前仍然是以键盘输入为主,而且是采用西文的计算机标准键盘来输入汉字,因此汉字的输入码就是一种用计算机标准键盘按键的不同组合输入汉字而编制的编码。人们希望能找到一种好学、易记、重码率低并且快速简捷的输入编码法。目前已经有几百种汉字输入编码方案,在这些编码方案中一般大致可以分为 3 类:数字编码、拼音码和字形编码。

(1)数字编码

数字编码就是用数字串代表一个汉字的输入,常用的是国标区位码。例如,"中"字位于第 54 区 48 位,区位码为 5448。数字编码输入的优点是无重码,而且输入码和内部编码的转换比较方便,但是每个编码都是等长的数字串,难以记忆,因此目前较少使用。

(2)拼音码

拼音码是以汉语读音为基础的输入法。由于汉字同音字太多,输入重码率较高,因此,按拼音输入后还必须进行同音字选择,影响了输入速度。目前大部分的汉字输入都采用这种输入方式,比较常用的输入法有谷歌拼音输入法、搜狗拼音输入法等。

(3)字形编码

字形编码是以汉字的形状确定的编码。汉字总数虽多,但都是由一笔一画组成的,全部汉字的部首和笔画是有限的。因此,把汉字的笔画部首用字母或数字进行编码,按笔画书写的顺序依次输入,就能表示一个汉字。五笔字型编码是最有影响的字形编码方法,比较常用的输入法有万能五笔输入法、王码五笔型输入法、陈桥五笔输入法和极品五笔输入法等。

2. 汉字的存储(汉字内部码)

世界各大计算机公司一般均以 ASCII 码为内部码来设计计算机系统。汉字数量多,用一个字节无法区分,一般用两个字节来存放汉字机内码。汉字机内码又称内码,对于汉字存储和处理来说,汉字较多,要用两个字节来存放汉字的机内码。为了避免与高位为 0 的 ASCII 码相混淆,根据汉字国标码(GB 3212－80)的规定,每字节最高位为 1,这样内码和外码就有了简单的对应关系,同时也解决了中、英文信息的兼容处理问题。以汉字"啊"为例,其国标码为 3021(H),机内码为 B0A1(H)。

3. 汉字的输出(汉字字形码)

把汉字写在划分成 m 行 n 列小方格的网络方格中,该方阵称当 m×n 点阵。每个小方格是一个点,有笔画部分是黑点,文字的背景部分是白点,点阵中的黑点就描绘出汉字字形,称为汉字点阵字形[图 4.5 (a)]。用 1 表示黑点,0 表示白点,按照自上而下、从左至右的顺序排列起来,就把字形转换成了一串二进制的数字[图 4.5(b)]。这就是点阵汉字字形的数字化,即汉字字形码。字形码也称为字模码,它是汉字的输出形式,根据输出汉字的要求不同,点阵的多少也不同。常用的汉字点阵方案有 16×16 点阵、24×24 点阵、32×32 点阵和 48×48 点阵等。以 16×16 点阵为例,每个汉字要占用 32 个字节,两级常用汉字大约占用 256 KB。一个汉字信息系统具有的所有汉字字形码的集合就构成了该系统的字库。

汉字输出时经常要使用汉字的点阵字形,因此,把各个汉字的字形码以汉字库的形式存储起来。但是汉字的点阵字形的缺点是放大后会出现锯齿现象,很不美观,而且汉字字形点阵所占用的存储空间比较大,要解决这个问题,一般采用压缩技术,其中矢量轮廓字形法压缩比大,能保证字符质量,是当今最流行的一种方法。矢量轮廓定义加上一些指示横宽、竖宽、基点和基线等控制信息,就构成了字符的压缩数据。

轮廓字形方法[图 4.5(c)]比点阵字形复杂,一个汉字中笔画的轮廓可用一组曲线来勾画,它采用数学方法来描述每个汉字的轮廓曲线。中文 Windows 操作系统下广泛采用的 TrueType 字形库就是采用轮廓字形法。这种方法的优点是字形精度高,且可以任意放大或缩小而不产生锯齿现象。

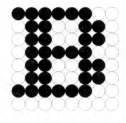

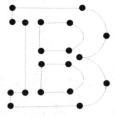

(a)点阵字符　　　　(b)点阵字库中的位图表示　　　(c)矢量轮廓字符

图 4.5　汉字字形码的表示方法

4.其他汉字编码

(1)GBK 码

GBK(汉字内码扩展规范)码是中国制定的新的中文编码扩展国家标准。该编码标准兼容《信息交换用汉字编码字符集》(GB 2312—1980),共收录汉字 21 003 个,符号 883 个,并提供 1 894 个造字码位,将简体字、繁体字融于一库。

(2)BIG5 码

BIG5 码(大五码或五大码)包含 420 个图形符号和 13 070 个汉字,但不包括简化汉字。

(3)Unicode 码

Unicode 码(统一码或万国码或单一码)是统一编码组织于 20 世纪90 年代制定的一种 16 位字符编码标准,它以两个字节表示一个字符,世界上几乎所有的书面语言都可以用这种编码来唯一表示,其中也包括中文。目前,Unicode 码已经成为信息编码的一个国际标准,在它的 65 536个可能的编码中,对 39 000 个编码已经作了规定,其中 21 000 个编码用于表示汉字。Microsoft Office 就是一个基于 Unicode 文字编码标准的软件,无论使用何种语言编写的文档,只要操作系统支持该语言的字符,Office 都能正确识别和显示文档内容。

4.5 多媒体数据表示方法

计算机处理的对象除了数值、字符和文字以外,还包含大量的图形、图像、声音、动画和视频等多媒体数据,要使计算机能够处理这些多媒体数据,必须先将它们转换成二进制信息。

4.5.1 图形和图像

图形是指由外部轮廓线条(从点、线、面到三维空间)构成的矢量图,如直线、曲线、圆弧、矩形和图表等。图形的格式是一组描述点、线、面等几何图形的大小、形状及其位置、维数的指令集合。图形一般按各个成分的参数形式存储,可以对各个成分进行移动、缩放、旋转和扭曲等变换,可以在绘图仪上将各个成分输出。因为图形文件只记录生成图的算法和某些特征点,所以也称为矢量图。常用的矢量图形文件格式有".3DS"(用于 3D 建模)、".DXF"(用于 CAD 绘制图形)、".WMF"(用于桌面出版)等。

图像是由扫描仪、摄像机等输入设备捕捉的实际场景或以数字化形式存储的任意画面。静止的图像是一个矩阵,它是由像素点阵构成的,阵列中的各项数字用来描述构成图像的各个像素点(pixel)的强度与颜色等信息,因此又称位图。位图适于表现含有大量细节的画面,可直接显示或输出。常用的图像文件格式有".BMP"".PCX"".TIF"".TGA"".GIF"".JPG"等。

图形和图像常见的文件格式有如下几种。

1. BMP(Bitmap)文件

BMP 是一种与设备无关的图像文件格式,是最常见、最简单的一种静态图像文件格式,其文件扩展名是".BMP"或者".bmp"。

BMP 图像文件格式共分 3 个域:一是文件头,它又分成两个字段;一是 BMP 文件头;一是 BMP 信息头。第一个域是在文件头中主要说明文件类型,实际图像数据长度,图像数据的起始位置,同时还说明图像分辨率,长、宽及调色板中用到的颜色数;第二个域是彩色映射;第三个域是图像数据。BMP 文件存储数据时,图像的扫描方式是从左向右、从下而上。

BMP 图像文件的主要特点:文件结构与 PCX 文件格式相似,每个文件只能存放一幅图像;其文件存储容量较大,可表现从 2 位到 24 位的色彩,分辨率为 480×320 至 1 024×768。

2. GIF(Graphics Interchange Format)文件

GIF 文件格式是由 CompuServe 公司在 1987 年 6 月为了制订彩色图像传输协议而开发的,它支持 64 000 px 的图像,256 到 16 M 种颜色的调色板,单个文件中的多重图像,按行扫描的迅速解码,有效地压缩以及具有与硬件无关的特性。

GIF 文件分为静态 GIF 和动画 GIF 两种,支持透明背景图像,适用于多种操作系统,存储容量很小,网上很多小动画都是 GIF 格式。其实,GIF 动画是将多幅图像保存为一个图像文件,从而形成动画,所以归根到底 GIF 仍然是图片文件格式,但 GIF 只能显示 256 色。

3. JPEG(Joint Photographic Experts Group)文件

JPEG 图像文件是目前使用最广泛、最热门的静态图像文件,其扩展名为".jpg"。JPEG 是 Joint Photographic Experts Group(联合摄影专家小组)的缩写,该小组是 ISO 下属的一个组织,由许多国家和地区的标准组织联合组成。

JPEG 格式存储图像的基本思路:开始显示一个模糊的低质量图像,随着图像数据被进一步接受,图像的清晰度和质量将会进一步提高,最后将显示一个清晰、高质量的图像。同样一幅图画,用 JPEG 格式存储的文件容量是其他类型文件的 1/20~1/10,一般文件大小从几十 KB 至几百 KB,色彩数最高可达 24 位。

JPEG 格式图像文件在表达二维图像方面具有不可替代的优势,被广泛运用于互联网以节约网络传输资源。

4. TIFF(Tag Image File Format)文件

TIFF 图像文件格式是一种通用的位映射图像文件格式,是 Alaus 和 Microsoft 公司为扫描仪和桌上出版系统研制的,其扩展名为".tif"。

TIFF 图像文件具有以下特点:可改性,不仅是交换图像信息的中介产物,也是图像编辑程序的中介数据;多格式性,不依赖于机器的硬件和操作系统;可扩展性,老的应用程序支持新的 TIFF 格式的图像。

TIFF 图像文件容量庞大,细微层次的信息较多,有利于原稿色彩的复制和处理,最高支持的色彩数达 16 M,传真收发的数据一般是 TIFF 格式。

5. WMF(Windows Meta File)文件

WMF 简称图元文件,是微软公司定义的一种 Windows 平台下的图像文件格式。Microsoft Office 的剪贴画使用的就是这个格式。

WMF 图像文件比 BMP 图像文件所占用的存储容量小,而且它是矢量图形文件,可以很方便地进行缩放等操作而不变形。

6. PNG(Portable Network Graphic Format)文件

PNG 图像文件是 20 世纪 90 年代中期开始开发的图像文件存储格式,其目的是替代 GIF 和 TIFF 文件格式,同时增加 GIF 文件格式所不具备的特性,称为流式网络图形格式,是一种位图文件存储格式,其文件扩展名为".png"。

PNG 图像文件用来存储灰度图像时,灰度图像的深度可达到 16 位,存储彩色图像时,彩色图像的深度可达到 48 位。

7. PSD(Photoshop Document)/PDD(Photo Deluxe Document)文件

PSD/PDD 是 Adobe 公司的图形设计软件 Photoshop 的专用格式,PSD 文件可以存储成 RGB 或 CMYK 模式,还能够自定义颜色数并加以存储,还可以保存 Photoshop 的图层、通道、路径、蒙版,以及图层样式、文字层、调整层等额外信息,是目前唯一能够支持全部图像色彩模式的格式。PSD 文件采用无损压缩,因此比较耗费存储空间,不宜在网络中传输。

8. TGA(Targe Image Format)文件

TGA 图像文件格式是 Truevision 公司为 Targe 和 Vista 图像获取电路板设计的 TIPS 软件所使用的文件格式,可支持任意大小的图像,专业图形用户经常使用 TGA 点阵格式保存具有真实感的三维有光源图像。

9. PCX(PC Paintbrush Exchange)文件

PCX 图像文件是静态文件格式,是 ZSoft 公司研制开发的,主要与商业性 Paintbrush 图像软件一起使用,其文件扩展名为".pcx"。PCX 文件分为 3 类:各种单色 PCX 文件,不超过 16 种颜色的 PCX 文件,具有 256 种颜色的 PCX 图像文件。

Paintbrush 已经被成功移植到 Windows 环境中,PCX 图像文件成为了个人计算机上流行的图像文件格式。

10. EPS(Encapsulated Post Script)文件

CorelDraw、FreeHand 等均支持 EPS 格式,它属于矢量图格式。EPS 文件是用 PostScript 语言描述的一种 ASCII 图形文件格式,在 Post-Script 图形打印机上能打印出高品质的图形图像,最高能表示 32 位图形图像。该格式分为 PhotoShop EPS 格式(Adobe Illustrator EPS)和标准 EPS 格式,其中标准 EPS 格式又可分为图形格式和图像格式。值得注意的是,在 PhotoShop 中只能打开图像格式的 EPS 文件,在 CorelDraw 中可以打开矢量图,文字不可编辑,但是图形可以以曲线方式编辑。

EPS 文件是目前桌面印刷系统普遍使用的通用交换格式中的一种综合格式。

4.5.2　音频

音频是多媒体应用中的一种重要媒体,人类能够听到的所有声音都称为音频,正是音频的加入使得多媒体应用程序变得丰富多彩。声音按频率可分为 3 种:次声(频率低于 20 Hz)、声波(20 Hz～20 kHz)和超声(频率高于 20 kHz)。人耳能听到的声音频率为 20 Hz～20 kHz 的声波,多媒体音频信息就是这一类声音。声音按表示媒体的不同可分为波形声音、语音和音乐。

①波形声音,包含了所有的声音形式,可以将任何声音进行采样量化,相应的文件格式是 WAV 文件和 VOC 文件。

②语音是由口腔发出的声波,一般用于信息的解释、说明、叙述、问答等,也是一种波形声音,所以相应的文件格式也是 WAV 文件和 VOC 文件。

③音乐是由各种乐器产生的声波,常用作欣赏、烘托气氛,是多媒体音频信息的重要组成部分。相应的文件格式是 MID 文件和 CMF 文件。

常用的音频文件格式有以下几类。

1. WAV(waveform Audio File Format)文件

WAV 是 Microsoft 公司开发的一种声音文件格式,它符合 RIFF (Resource Interchange File Format)文件规范,用于保存 Windows 平台的音频信息资源,被 Windows 平台及其应用程序所广泛支持,是一种无损压缩。其文件容量较大,多用于存储简短的声音片段,WAV 文件打开工具是 Windows 的媒体播放器。

2. MPEG((Moving Picture Experts Group))音频文件

MPEG 音频文件是 MPEG 标准中的音频部分。MPEG 音频文件的压缩是一种有损压缩,根据压缩质量和编码程度的不同可分为 3 层(MPEG,Audio,Layer1/2/3),分别对应 MP1,MP2,MP3 声音文件。

MPEG 音频编码具有很高的压缩率,MP1 和 MP2 的压缩率分别为 4:1 和 6:1～8:1,标准的 MP3 的压缩比为 10:1。一个长达 3 min 的音乐文件压缩成 MP3 文件后大约是 4 MB,可保持音质不失真。目前在网络上使用最多的是 MP3 文件格式。

3. MIDI(Musical Instrument Digital Interface)文件

MIDI 是数字音乐/电子合成乐器的统一国际标准,定义了计算机音乐程序、合成器及其他电子设备交换音乐信号的方式,还规定了不同厂家的电子乐器与计算机连接的电缆和硬件及设备间数据传输的协议,可用于为不同乐器创建数字声音,可以模拟大提琴、小提琴、钢琴等常见音乐。

MIDI 文件比数字波形文件所需的存储空间小得多,如记录 1 min MIDI 音频数据文件只需 4 KB 的存储空间,而记录 1 min 8 位、22.05 kHz 的波形音频数据文件需要 1.32 MB 的存储空间。MIDI 文件主要用于原始乐器作品,流行歌曲的业余表演,游戏音轨以及电子贺卡等。

4. WMA(Windows Media Audio)文件

WMA 文件是继 MP3 后最受欢迎的音乐格式,在压缩比和音质方面都超过了 MP3,能在较低的采样频率下生成好的音质文件。WMA 不用像 MP3 那样需要安装额外的播放器,而 Windows 操作系统和 Windows Media Player 的无缝捆绑让用户只要安装了 Windows 操作系统就可以直接播放 WMA 音乐。

5. Real Audio 文件

Real Audio 文件是 Real Networks 公司开发的音频文件格式,其文件格式有".RA"".RM"".RAM",用于在低速率的广域网上实时传输音频信息,主要适用于在网络上进行在线音乐欣赏。

6. AAC(Advanced Audio Coding)文件

AAC 文件是杜比实验室为音乐社区提供的技术,出现于 1997 年,是基于 MPEG-2 的音频编码技术,目的在于取代 MP3,所以又称为 MPEG-4 AAC,即 M4A。

4.5.3　视频

视频泛指将一系列静态影像以电信号方式加以捕捉、记录、处理、储存、传送与重现的各种技术,它是由一幅幅单独的画面序列(帧)组成的,这些画面以一定的速率连续投射在屏幕上,使观看者产生动态图像的感觉。常见的视频文件有以下几种格式。

1. AVI(Audio Video Interleaved)文件

AVI 文件是音频视频交互的文件。该格式的文件不需要专门的硬件支持就能实现音频和视频压缩处理、播放和存储,其扩展名为“.avi”。它采用 Intel 公司的 Indeo 视频的有损压缩技术将视频信息与音频信息交错混合地存储在同一个文件,较好地解决了音频信息与视频信息的同步问题。

AVI 文件目前主要应用在多媒体光盘上,用来保存电影、电视等各种影像信息,有时也用在互联网上供用户下载、欣赏新影片的精彩片段,但该格式文件保存的画面质量不是太好。

2. MOV(Movie digital video technology)文件

MOV 文件是 Quick Time 的文件格式,是美国 Apple 公司开发的一种视频格式,默认的播放器是苹果的 Quick Time Player,具有较高的压缩比率和较完美的视频清晰度等特点,但其最大的特点还是跨平台性,即不仅能支持 Mac OS,同样也能支持 Windows 系列。

MOV 文件格式支持 256 位色彩,能够通过因特网提供实时的数字化信息流、工作流与文件回放,国际标准化组织(ISO)选择了 MOV 文件格式作为开发 MPEG－4 规范的统一数字媒体存储格式。

3. MPEG(Moving Pictures Experts Group)文件

MPEG 文件是一种应用在计算机上的全屏幕运动视频标准文件格式,被称为运动图像专家组格式,家里常见的 VCD,SVCD,DVD 就是这种格式。它采用了有损压缩方法减少运动图像中的冗余信息,即认为相邻两幅画面绝大多数是相同的,把后续图像中和前面图像有冗余的部分去除,从而达到压缩的目的(其最大压缩比可达 200：1)。目前,MPEG 格式有 5 个压缩标准,分别是 MPEG－1、MPEG－2、MPEG－4、MPEG－7 和

MPEG－21。大多数视频播放软件均支持 MPEG 文件。

4. DAT(Digital Audio Tape)文件

DAT 文件是 VCD 专用的视频文件格式,是一种基于 MPEG 压缩、解压缩技术的视频文件格式。

5. 3GP(3rd Generation Partnership Project)文件

3GP 文件是为了配合 3G 网络的高速传输速度开发的,是手机中最为常见的一种视频格式,其文件扩展名为".3gp"。3GP 文件还可以在个人计算机上观看,且视频容量较小。

4.5.4　动画

动画是活动的画面,实质是利用了人眼的视觉暂留特性将一幅幅静态图像连续播放而形成的。计算机动画可分为两大类:一类是帧动画;另一类是矢量动画。

帧动画是指构成动画的基本单位是帧,很多帧组成一部动画片。帧动画主要用在传统动画片的制作、广告片的制作,以及电影特技的制作方面。

矢量动画是经过计算机计算而生成的动画,其画面只有一帧,主要表现变换的图形、线条、文字和图案。矢量动画通常采用编程方式和某些矢量动画制作软件完成。

动画文件常用的格式有以下几类。

1. FLIC 文件

FLIC 文件是 Autodesk 公司在其出品的二维、三维动画制作软件中采用的动画文件格式,采用 256 色,分辨率为 320×200 至 1 600×1 280,其文件扩展名为".FIC"。

FLIC 文件的容量随动画的长短而变化,动画画面越多,容量越大。该格式的文件采用数据压缩格式,代码效率高、通用性好,被大量用在多媒体产品中。

2. GIF(Graphics Interchange Format)文件

GIF 文件具有多元结构,可以是静态图像,也可以是动态图像即动画。GIF 动画文件采用 LZW 缩算法来实现存储图像数据、多图像的定序和覆盖、交错屏幕绘图以及文本覆盖等技术。

3. SWF(shock wave flash)文件

SWF 文件是基于 Macromedia 公司 Shockwave 技术的流式动画格式,是用 Flash 软件制作的一种格式,其扩展名为". fla"。该格式文件体积小、功能强、交互能力好、支持多个层和时间线程,较多地应用在网络动画中。

第 5 章　数据处理工具

Python 语言以快速解决问题而著称,其特点在于提供了丰富的内置对象、运算符和标准库对象,而庞大的扩展库更是极大地增强了 Python 的功能,大幅度拓展了 Python 的用武之地,其应用几乎已经渗透到所有领域和学科。本章将介绍 Python 语言的语法元素、基本数据类型、组合数据类型、程序控制结构、函数及其库函数的使用。

5.1　Python 程序基本语法

5.1.1　程序格式框架

Python 非常重视代码的可读性,对程序格式框架有更加严格的要求。

1.缩进

Python 语言采用严格的"缩进"来表明程序的格式框架。缩进指每行代码开始前的空白区域,用来表示代码之间的包含和层次关系。

严格使用缩进来体现代码的逻辑从属关系,是 Python 语言中表明程序框架的唯一手段。Python 对代码缩进是有硬性要求的,这一点必须时刻注意。在函数定义、类定义、选择结构、循环结构、with 语句等结构中,对应的函数体或语句块都必须有相应的缩进,并且一般以 4 个空格为一个缩进单位。

2.语句换行

Python 通常是一行写完一条语句,但如果语句很长需要换行,可以使用圆括号来实现。

total＝（"每个 import 语句只导入一个模块，最好按标准库、扩展库、"

"自定义库的顺序依次导入。尽量避免导入整个库，最好只导入确实"

"需要使用的对象。"）

需要注意的是，在［ ］，｛ ｝中的语句，不需要使用圆括号进行换行。

5.1.2　注释

对关键代码和重要的业务逻辑代码进行必要的注释。在 Python 中有两种常用的注释形式：♯和三引号。♯用于单行注释，三引号常用于大段说明性文本的注释。

5.1.3　基本输入/输出

input()和 print()是 Python 的基本输入/输出函数，前者用来接收用户的键盘输入，后者用来把数据以指定的格式输出到标准控制台或指定的文件对象。

5.2　基本数据类型

5.2.1　整数类型

在 Python 中用 int 来表示整数类型。与 C 语言、Java 语言不同，Python 的整数型数据理论上是没有大小限制的，其在内存中所占的空间是不固定的，实际的取值范围受限于计算机的内存大小。

整数类型共有 4 种进制表示：十进制、二进制、八进制和十六进制。默认情况下整数采用十进制，其他三种进制需要增加引导符号，如表 5.1所示。

表 5.1　整数类型的 4 种进制表示方法

进制种类	引导符号	描述
十进制	无	默认整数类型。例:12,217,1001,−23,−1010
二进制	0B 或 0b	由字符 0 和 1 组成。例:0b10100,0B10010,0b11
八进制	0o 或 0O	由字符 1～7 组成。例:0o127,0O277,0o777
十六进制	0x 或 0X	由字符 0～9、A～F(或 a～f)组成。例:0xl2AC,0Xf23b

①十进制:最普通的整数就是十进制形式的整数。

②二进制:以 0b 或者 0B 开头的整数类型。

③八进制:以 0o 或者 0O 开头。

④十六进制:以 0x 或者 0X 开头,其中 10～15 分别是 a～f(此处的 a～f 不区分大小写)

整数可以进行加(＋)、减(−)、乘(＊)、除(/)、取余(％)、幂次方(＊＊或使用内置函数 pow(x,y))等计算。

5.2.2　浮点类型

浮点数表示带有小数的数值,小数部分可以为 0,在 Python 中用 float 表示。浮点数有两种表示方法:十进制形式和科学计数法。

1. 十进制形式

十进制形式就是数学中的小数形式,如 34.6、346.0、0.346。

书写小数时必须包含一个小数点,否则会被 Python 当作整数处理。

2. 科学计数法

Python 小数的科学计数法的写法为:a E n 或 a e n,a 为尾数部分,是一个十进制数;n 为指数部分,是一个十进制整数;E 或 e 是固定的字符,用于分割尾数部分和指数部分。整个表达式等价于 $a \times 10^n$。

例如:

$2.1E5 = 2.1 \times 10^5$,其中 2.1 是尾数,5 是指数。

$3.7E-2 = 3.7 \times 10^{-2}$,其中 3.7 是尾数,−2 是指数。

$0.5E7 = 0.5 \times 10^7$,其中 0.5 是尾数,7 是指数。

注意,只要写成指数形式就是小数,即使它的最终值看起来像一个整数。例如14E3等价于14000,但14E3是一个小数。

3. float()函数

可以将整数和字符串转换成浮点数。

例如:字符串"123"通过 float("123")转换后成为小数 123.0。

5.2.3　复数类型

复数由实部(real)和虚部(imag)构成,在 Python 中,复数的虚部以 j 或者 J 作为后缀,具体格式为:a+bj,其中 a 表示实部,b 表示虚部。例如:4.34−8.5j,−1.23−3.5j,64.23+1j。

complex()函数用于创建一个复数或者将一个数或字符串转换为复数形式,其返回值为一个复数。该函数的语法为:

class complex(real,imag)

其中,real 可以为 int、long、float 或字符串类型;而 image 只能为 int、long 或 float 类型。

注意:若第一个参数为字符串,第二个参数必须省略;若第一个参数为其他类型,则第二个参数可以选择。

5.3　组合数据类型

基本数据类型包括整数类型、浮点数类型和复数类型,这些类型仅能表示一个数据。然而,实际计算中却存在大量同时处理多个数据的情况,这需要将多个数据有效组织起来并统一表示,这种能够表示多个数据的类型称为组合数据类型。

组合数据类型能够将多个同类型或不同类型的数据组织起来,通过单一地表示使数据操作更有序、更容易。Python 内置的常用组合数据类型有字符串、列表、元组和字典。

5.3.1　字符串类型

字符串是字符的序列表示,可以由一对单引号(′)、双引号(″)或三引号(‴)构成。字符串包括两种序号体系:正向递增序号和反向递减序号。如果字符串长度为 L,正向递增需要以最左侧字符序号为 0,向右依次递增,最右侧字符序号为 L−1;反向递减序号以最右侧字符序号为−1,向左依次递减,最左侧字符序号为−L。这两种索引字符的方法可以在一个表示中使用。

Python 字符串也提供区间访问方式,采用[N:M]格式,表示字符串中从 N 到 M(不包含 M)的子字符串,其中,N 和 M 为字符串的索引序号,可以混合使用正向递增序号和反向递减序号。如果表示中 M 或者 N 索引缺失,则表示字符串把开始或结束索引值设为默认值。

Python 提供了 5 个字符串的基本操作符,如表 5.2 所示。

表 5.2　字符串的基本操作符

操作符	描　述
a in s	如果 a 是 s 的子串,返回 True,否则返回 False
a+b	连接两个字符串 a 和 b
a * n 或 n * a	复制 n 次字符串 a
str[i]	索引,返回第 i 个字符
str[N:M]	切片,返回索引第 N～M 的子串,其中不包含 M

Python 解释器提供了一些与字符串处理有关的内置函数,其中 len(x)和 str(x)使用最多。

len(x)返回字符串 x 的长度,字符串中英文和中文字符都是 1 个长度单位。str(x)返回 x 的字符串形式,其中,x 可以是数字类型或其他类型。

5.3.2　列表类型

列表(list)是包含 0 个或多个对象引用的有序序列。列表的长度和内容都是可变的,可自由对列表中的数据项进行增加、删除或替换。列表没有长度限制,元素类型可以不同,使用非常灵活。列表也支持成员关系操作符(in)、长度计算函数(len())、分片([]),可以同时使用正向递增序号和反向递减序号。列表使用中括号([])表示,也可以通过 list()函数将字符串等其他数据类型转化成列表,直接使用 list()函数会返回一个空列表。

列表类型常用的函数或方法如表 5.3 所示。

表 5.3　列表类型常用的函数或方法

函数或方法	描述
ls[i]=x	替换列表 ls 第 i 数据项为 x
s[i:j]=lt	用列表 lt 替换列表 ls 中第 i~j 项数据(不含第 j 项,下同)
del ls[i:j]	删除列表 ls 第 i~j 项数据,等价于 ls[i:j]=[]
ls+=lt 或 ls. extend(lt)	将列表 lt 元素增加到列表 ls 中
ls * =n	更新列表 ls,其元素重复 n 次
ls. append(x)	在列表 ls 最后增加一个元素 x
ls. clear()	删除 ls 中所有元素
ls. copy()	生成一个新列表,复制 ls 中所有元素
ls. insert(i,x)	在列表 ls 第 i 位置增加元素 x
ls. pop(i)	将列表 ls 中第 i 项元素取出并删除该元素
ls. remove(x)	将列表中出现的第一个元素 x 删除
Is. reverse(x)	列表 ls 中元素反转

列表是一个十分灵活的数据结构,它具有处理任意长度、混合类型数据的能力,并提供了丰富的基础操作符和方法。当程序需要使用组合数据类型管理批量数据时,请尽量使用列表类型。

5.3.3　元组类型

元组(tuple)是包含 0 个或多个数据项的不可变序列类型。元组生成后是固定的,其中任何数据项不能替换或删除。元组类型在表达固定数据项、函数多返回值、多变量同步赋值、循环遍历等情况下十分有用。Python 中元组采用逗号和圆括号(可选)表示,生成元组只需要使用逗号将元素隔离开即可,可以增加圆括号,但圆括号在不混淆语义的情况下不是必需的。

5.3.4 字典类型

在编程术语中,根据一个信息查找另一个信息的方式构成了键值对,它表示索引用的键和对应的值构成的成对关系,即通过特定的键来访问值。字典是包含 0 个或多个键值对的集合,没有长度限制。

通过任意键信息查找一组数据中值信息的过程叫映射,Python 语言中通过字典实现映射。Python 语言中的字典可以通过大括号({})建立,建立模式如下:

{<键 1>:<值 1>,<键 2>:<值 2>,…,<键 n>:<值 n>}

其中,键和值通过冒号连接,不同键值对通过逗号隔开。键值对之间没有顺序且不能重复。下面是一个简单的字典,它存储省份和省会城市的键值对。一般来说,字典中键值对的访问模式如下,采用中括号格式:<值>=<字典变量>[<键>]字典中对某个键值的修改可以通过中括号的访问和赋值实现。

字典在 Python 内部也已采用面向对象方式实现,因此也有一些对应的方法,采用<a>.<b>()格式,此外,还有一些函数能够用于操作字典,这些函数和方法如表 5.4 所示。

表 5.4 字典类型的函数和方法

函数和方法	描述
<d>.keys()	返回所有的键信息
<d>.values()	返回所有的值信息
<d>.items()	返回所有的键值对
<d>.get(<key>,<default>)	键存在则返回相应值,否则返回默认值
<d>.pop(<key>,<default>)	键存在则返回相应值,同时删除键值对,否则返回默认值
<d>.popitem()	随机从字典中取出一个键值对,以元组(key,value)形式返回
<d>.clear()	删除所有的键值对
del<d>[<key>]	删除字典中某一个键值对
<key>in<d>	如果键在字典中返回 True,否则返回 False

字典是实现键值对映射的数据结构,它采用固定数据类型的键数据作为索引,十分灵活,具有处理任意长度、混合类型键值对的能力。

5.4　程序控制结构

5.4.1　分支结构

1.单分支结构:if 语句

单分支结构基本语法格式如下:

if 表达式:

　　语句块

当表达式值为 True 或其他与 True 等价的值时,表示条件满足,语句块被执行,否则该语句块不被执行,而是继续执行 if 后面的代码(如果有的话),控制流程如图 5.1 所示。

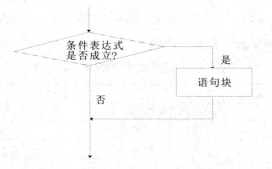

图 5.1　单分支结构控制流程

2.双分支结构:if—else 语句

双分支结构的基本语法格式如下:

if 表达式:

　　语句块 1

else:

　　语句块 2

当表达式值为 True 或其他与 True 等价的值时,表示条件满足,语句块 1 被执行,否则执行语句块 2,控制流程如图 5.2 所示。

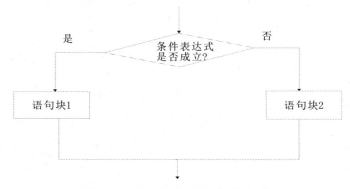

图 5.2　双分支结构控制流程

3. 多分支结构:if—elif—else 语句

多分支结构的基本语法格式如下:

if 表达式 1:

　　语句块 1

elif 表达式 2:

　　语句块 2

……

else:

　　语句块 n

多分支结构是二分支结构的扩展,这种形式通常用于设置同一个判断条件的多条执行路径。Python 依次评估寻找第一个结果为 True 的条件,执行该条件下的语句块,结束后跳过整个 if—elif—else 结构,执行后面的语句。如果没有任何条件成立,else 下面的语句块将被执行。else 子句是可选的。控制流程如图 5.3 所示。

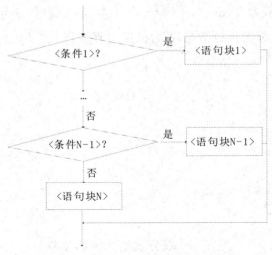

图 5.3　多分支结构控制流程

5.4.2　循环结构

根据循环执行次数的确定性,循环可以分为确定次数循环和非确定次数循环。确定次数循环指循环体对循环次数有明确的定义,这类循环在 Python 中被称为"遍历循环",采用 for 语句实现。非确定次数循环指程序不确定循环体可能的执行次数,而通过条件判断是否继续执行循环体,这类循环在 Python 中被称为无限循环,采用 while 语句实现。

1.遍历循环:for 语句

遍历循环的基本语法格式如下:

for 循环变量 in 遍历结构:

　　　语句块

[else:

　　　else 子句代码块]

执行过程为从遍历结构中逐一提取元素,放在循环变量中,对于所提取的每个元素执行一次语句块。遍历结构可以是字符串、组合数据类型、range()函数、文件等。else 语句为可选语句,当 for 循环正常执行后,程序会继续执行 else 语句中的内容。注意:else 语句只在循环正常执行并结束后才执行。

2. 无限循环：while 语句

无限循环的基本语法格式如下：

while 条件表达式：

　　语句块

［else：

　　else 子句代码块］

执行过程为当条件表达式为 True 时，循环体重复执行语句块中的语句；当条件表达式为 False 时，循环终止，执行与 while 同级别缩进的后续语句。else 语句为可选语句，当 while 循环正常执行后，程序会继续执行 else 语句中的内容。注意：else 语句只在循环正常执行并结束后才执行。

3. 循环保留字：break 与 continue

循环结构有两个保留字——break 和 continue，用来辅助控制循环的执行。

break 语句的作用是跳出最内层 for 或 while 循环，脱离该循环后程序从循环代码后继续执行。

5.5　函数

5.5.1　函数的基本使用

1. 函数的定义

函数是一段组织好的、可重复使用的、用来实现特定功能的代码段。使用函数不但可以降低代码的重复率、提高代码的重用率，还可以提高应用的模块化设计。Python 提供了很多内置函数，如 print()。除此之外，也可以根据需求定义一个函数完成想要实现的功能。

自定义函数的语法格式如下：

def 函数名（参数列表）：

函数体

return 表达式

基于以上语法格式,函数定义的规则说明如下:

①函数代码块以 def 开头,后面紧跟函数名和圆括号();

②函数的参数列表放在圆括号内;

③函数内容以冒号开始,并且锁紧;

④return 表示函数结束,返回表达式的值。

2. 函数的调用

定义了函数之后,就有了一段完成特定功能的代码,要想让这些代码执行,需要调用函数。

3. 函数的参数

在定义函数时,如果有些参数的值不一定在调用函数时传入,可以在函数定义时为这些参数指定默认值。

当函数被调用时,如果没有传入对应的参数值,则使用函数定义时的默认值。

5.5.2 Python 内置函数

Python 解释器提供了 68 个内置函数用于实现各种功能,这些函数在 Python 中被自动加载,不需要引用库就可以直接使用。本书只对部分常用函数的使用加以说明。

1. abs()函数

abs()函数返回数字的绝对值,例如:

print(abs(−10))

print(abs(10))

执行结果如下:

10

10

2. max()函数

max()函数返回给定参数的最大值,参数可以为序列,例如:

print(max(13,45,78,34))

执行结果如下:

78

3. min()函数

min()函数返回给定参数的最小值,参数可以为序列,例如:

print(min(13,45,78,34))

执行结果如下:

13

4. pow()函数

pow()函数返回 xy(x 的 y 次方)的值,例如:

print(pow(3,2))

执行结果如下:

9

5. round()函数

round()函数返回浮点数 x 的四舍五入值,例如:

print(round(23.5678))

print(round(23.5678,2))

执行结果如下:

24

23.57

6. sum()函数

sum()方法对序列进行求和计算,例如:

print(sum([0,1,2])

print(sum((2,3,4),1))　#元组计算总和后再加 1

执行结果如下:

3

10

7. len()函数

len()函数返回对象(字符、列表、元组等)长度或项目个数,例如:

```
print(len("hello"))
print(len([1,2,3,4,5]))
```

执行结果如下:

```
5
5
```

8. eval()函数

eval()函数用来执行一个字符串表达式,并返回表达式的值,例如:

```
x=7
print(eval('3 * x'))
print(eval('pow(2,2)'))
```

执行结果如下:

```
21
4
```

9. help()函数

help()函数用于查看函数或模块用途的详细说明,例如:

```
help('sys')    # 查看 sys 模块的帮助
# ……显示帮助信息……
help('str')    # 查看 str 数据类型的帮助
# ……显示帮助信息……
```

10. type()函数

type()函数返回对象的类型,例如:

```
a=123
print(type(a))
a="python"
print(type(a))
```

执行结果如下:

```
<class'int'>
<class'str'>
```

第6章　数据分析

6.1　分类分析

分类分析数据库中组数据对象的共同特点并按照分类模式将其划分为不同的类,其目的是通过分类模型,将数据库中的数据项映射到某个给定的类别。现实生活中会遇到很多分类问题,如经典的手写数字识别问题等。

6.1.1　分类分析基本概念

分类学习是类监督学习的问题,训练数据会包含其分类结果,根据分类结果可以分为以下几种。

二分类问题:是与非的判断,分类结果为两类,从中选择一个作为预测结果。

多分类问题:分类结果为多个类别,从中选择一个作为预测结果。

多标签分类问题:不同于前两者,多标签分类问题中一个样本可能有多个预测结果,或者有多个标签。多标签分类问题很常见,比如一部电影可以同时被分为动作片和犯罪片,一则新闻可以同时属于政治新闻和法律新闻等。

分类问题作为一个经典问题,有很多经典模型产生并被广泛应用。就模型本质所能解决问题的角度来说,模型可以分为线性分类模型和非线性分类模型。

线性分类模型中,假设特征与分类结果存在线性关系,通常将样本特征进行线性组合,表达形式如下:

$$F(x) = w_1 x_1 + w_2 x_2 + \cdots + w_d x_d + b$$

表达成向量形式如下：

$$F(x) = w * x + b$$

式中，$w = (w_1, w_2, \cdots, w_d)$。线性分类模型的算法是对 w 和 b 的学习，典型的算法包括逻辑回归（Logistic Regression）和线性判别分析（Linear Discriminant Analysis）。

当所给的样本线性不可分时，则需要非线性分类模型。非线性分类模型中的经典算法包括决策树（Decision Tree）、支持向量机（Spprp Veter Machine，SVM）、朴素贝叶斯（Naive Bayes）和 K 近邻（K － Neurest Neighbor，KNN）。

6.1.2　决策树分类方法

1. 决策树原理

决策树可以完成对样本的分类。它被看作对于"当前样本是否属于正类"这一问题的决策过程，它模仿人类做决策时的处理机制，基于树的结果进行决策。

一般一棵决策树包含一个根节点、若干个中间节点和若干个叶子节点，叶子节点对应总问题的决策结果，根节点和中间节点对应中间的属性判定问题。每经过一次划分得到符合该结果的一个样本子集，从而完成对样本集的划分过程。

决策树的生成过程是一个递归过程。在决策树的构造过程中，当前节点所包含样本全部属于同一类时，这一个节点则可以作为叶子节点，递归返回；当前节点所有样本在所有属性上取值相同时，只能将其类型设为集合中含样本数最多的类别，这同时也实现了模糊分类的效果。

在树构造过程中，每次在样本特征集中选择最合适的特征作为分支节点，这是决策树学习算法的核心，目标是使决策树能够准确预测每个样本的分类，且树的规模尽可能小。不同的学习算法生成的决策树有所不同，常用的有 ID3、C4.5 和 CART 等算法，用户可以在实际应用过程中通过反复测试比较来决定问题所适用的算法。

2.决策树分类实现

scikit－learn 的 Decision Tree Classifier 类实现决策树分类器学习，支持二分类和多分类问题。分类性能评估同样采用 metrics 实现。相关实现函数格式如下。

模型初始化：

  clf ＝tree. Decision Tree Classifier()

模型学习：

  clf. fit(X,y)

Accuracy 计算：

  clf. score(X,y)

模型预测：

  predicted_y＝clf. predict(X)

混淆矩阵计算：

  Metrics. confusion_matrix(y,predicted _y)

分类性能报告：

  metrics. classification_ report(y,predicted _y)

6.1.3　朴素贝叶斯分类方法

1.基本概念

朴素贝叶斯算法是基于贝叶斯理论的概率算法，在学习其原理和应用前，先了解几个相关概念。

（1）随机试验

随机试验是指可以在相同条件下重复试验多次，所有可能发生的结果都是已知的，但每次试验到底会发生其中哪一种结果是无法预先确定的。

（2）事件与空间

在一个特定的试验中，每个可能出现的结果称作一个基本事件，全体基本事件组成的集合称作基本空间。

在一定条件下必然会发生的事件称作必然事件,可能发生也可能不发生的事件称作随机事件,不可能发生的事件称作不可能事件,不可能同时发生的两个事件称作互斥事件,二者必有其一发生的事件称作对立事件。

例如,在水平地面上投掷硬币的试验中,正面朝上是一个基本事件,反面朝上是一个基本事件,基本空间中只包含这两个随机事件,并且二者既为互斥事件又为对立事件。

(3)概率

概率是用来描述在特定试验中一个事件发生可能性大小的指标,是介于 0 和 1 之间的实数,可以定义为某个事件发生的次数与试验总次数的比值,即

$$P(x) = \frac{n_x}{n}$$

式中,n_x 表示事件 x 发生的次数,n 表示试验总次数。

(4)先验概率

先验概率是指根据以往的经验和分析得到的概率。

例如,投掷硬币实验中,50% 就是先验概率。再如,有 5 张卡片,上面分别写着数字 1、2、3、4、5,随机抽取一张,取到偶数卡片的概率是 40%,这也是先验概率。

(5)条件概率

条件概率也称作后验概率,是指在另一个事件 B 已经发生的情况下,事件 A 发生的概率,记为 P(A|B)。如果基本空间只有两个事件 A 和 B,则有

$$P(A \cap B) = P(A|B)P(B) = P(B|A)P(A)$$

或

$$P(A|B) = \frac{P(A \cap B)}{P(B)}$$

以及

$$P(B|A) = \frac{P(A \cap B)}{P(A)}$$

式中,$A \cap B$ 表示事件 A 和 B 同时发生,当 A 和 B 为互斥事件时,有 $P(A \cap B) = 0$,容易得知,此时也有 $P(A|B) = P(B|A) = 0$。

仍以上面随机抽取卡片的试验为例,如果已知第一次抽到偶数卡片并且没有放回去,那么第二次抽取到偶数卡片的概率则为 25%,这就是后验概率。

作为条件概率公式的应用,已知某校大学生英语四级考试通过率为 98%,通过四级之后才可以报考六级,并且已知该校学生英语六级的整体通过率为 68.6%,那么通过四级考试的那部分学生中有多少通过了六级呢?

在这里,使用 A 表示通过英语四级,B 表示通过英语六级,那么 $A \cap B$ 表示既通过四级又通过六级,根据上面的公式有

$$P(B|A) = \frac{P(A \cap B)}{P(A)} = 0.686 \div 0.98 = 0.7$$

可知,在通过英语四级考试的学生中,有 70% 的学生通过了英语六级。

(6)全概率公式

已知若干互不相容的事件 B_i,其中 $i = 1, 2, \cdots, n$,并且所有事件 B_i 构成基本空间,那么对于任意事件 A,有

$$P(A) = \sum_{i=1}^{n} P(A|B_i) P(B_i)$$

这个公式称作全概率公式,可以把复杂事件 A 的概率计算转化为不同情况下发生的简单事件的概率求和问题。

例如,仍以上面描述的抽取卡片的试验为例,从 5 个卡片中随机抽取一张不放回,然后再抽取一张,第二次抽取到奇数卡片的概率是多少?

使用 A 表示第一次抽取到偶数卡片,$\overline{A}$ 表示第一次抽取到奇数卡片,B 表示第二次抽取奇数卡片。B 事件发生的概率是由事件 A 和 $\overline{A}$ 这两种情况决定的,所以,根据全概率公式,有

$$P(B) = P(A)P(B|A) + P(\overline{A})P(B|\overline{A})$$

$$= \frac{2}{5} \times \frac{3}{4} + \frac{3}{5} \times \frac{2}{4}$$

$$= \frac{3}{5}$$

可知,第二次抽到奇数卡片的概率为 60%。

(7)贝叶斯理论

贝叶斯理论用来根据一个已发生事件的概率计算另一个事件发生的概率,即

$$P(A|B)P(B) = P(B|A)P(A)$$

或

$$P(A|B) = \frac{P(B|A)P(A)}{P(B)}$$

2. 朴素贝叶斯算法分类的原理与 Sklearn 实现

朴素贝叶斯算法之所以说"朴素",是指在整个过程中只做最原始、最简单的假设,例如,假设特征之间互相独立并且所有特征同等重要。

使用朴素贝叶斯算法进行分类时,分别计算未知样本属于每个已知类的概率,然后选择其中概率最大的类作为分类结果。根据贝叶斯理论,样本 x 属于某个类 c 的概率计算公式为

$$P(c_i|x) = \frac{P(x|c_i)P(c_i)}{P(x)}$$

然后在所有条件概率 $P(c_1|x)$,$P(c_2|x)$,$\cdots$,$P(c_n|x)$ 中选择最大的那个,例如 $P(c_k|x)$,并判定样本 x 属于类 c_k。

例如,如果邮件中包含"发票""促销""微信"或"电话"之类的词汇,并且占比较高或组合出现,那么这封邮件是垃圾邮件的概率会比没有这些词汇的邮件要大一些。

在扩展库 sklearm. naive_bayes 中提供了三种朴素贝叶斯算法,分别是伯努利朴素贝叶斯(Bernoulli Naive Bayes)、高斯朴素贝叶斯(Gaussian Naive Bayes)和多项式朴素贝叶斯(Multinomial Naive Bayes),分别适用

于伯努利分布(又称作二项分布或 0－1 分布)、高斯分布(也称作正态分布)和多项式分布的数据集。

以高斯朴素贝叶斯(Gaussian Naive Bayes)为例,该类对象具有 fit()、predict()、predict_proba()、partial_fit()、score()等常用方法。

6.1.4　支持向量机分类方法

1.支持向量机原理

支持向量机(Support Vector Machine,SVM)是通过寻找超平面对样本进行分隔从而实现分类或预测的算法,分隔样本时的原则是使间隔最大化,寻找间隔最大的支持向量;在二维平面上相当于寻找一条"最粗的直线"把不同类别的物体分隔开,或者说寻找两条平行直线对物体进行分隔,并使得这两条平行直线之间的距离最大。如果样本在二维平面上不是线性可分的,无法使用一条简单的直线将其完美分隔开,可尝试通过某种变换把所有样本都投射到高维空间中,可以找到一个超平面将不同类的点分隔开。

SVM 采用核函数(Kermel Function)将低维数据映射到高维空间,选用适当的核函数,就能得到高维空间的分割平面,较好地将数据集划分为两部分。研究人员提出了多种核函数,以适应不同特性的数据集。常用的核函数有线性核、多项式核、高斯核和 sigmoid 核等。核函数的选择是影响 SVM 分类性能的关键因素,若核函数选择不合适,则意味着将样本映射到不合适的高维空间,无法找到分割平面。当然,即使采用核函数,也不是所有数据集都可以被完全分割的,因此 SVM 的算法中添加了限制条件,来保证尽可能减少不可分点的影响,使划分达到相对最优。

2.支持向量机实现

scikit－learn 的 Support Vector Classficate 器的初始化函数如下。

clf＝svm.SVC(kernel＝,gamma,C,…)ion 类实现 SVM 分类,只支持二分类,多分类问题需转化为多个二分类问题处理。SVM 分类方法参数说明如表 6.1 所示。

表 6.1　SVC 分类方法参数说明

参数名	说明
kermel	使用的核函数。inear 为线性核函数,poly 为多项式核函数,rbf 为高斯核函数,sigmoid 为 Logistic 核函数
gamma	poly、rbf 或 sigmoid 的核系数,一般取值为(0,1)
C	误差项的惩罚参数。一般取 10n,如 1、0.1、0.01 等

注:SVM 分类实现其他函数与决策树一致,不再单独说明。

6.2　关联分析

6.2.1　关联分析基本概念

关联规则是描述数据库中数据项之间所存在关系的规则,即根据事务中某些项的出现可导出另一些项在同一事务中也出现,即隐藏在数据间的关联或相互关系。关联规则的学习属于无监督学习,在实际生活中的应用很多,例如,分析顾客超市购物记录,可以发现很多隐含的关联规则,如经典的啤酒和尿布问题。

1.关联规则定义

首先给出各项的集合 $I=\{I_1,I_2,\cdots,I_m\}$,关联规则是形如 $X \rightarrow Y$ 的蕴含式,其中 X、Y 属于 I,且 X 与 Y 的交集为空。

2.指标定义

在关联规则挖掘中有 4 个重要指标。

(1)置信度(Confidence)

定义:设 W 中支持物品集 A 的事务中有 c％的事务同时也支持物品集 B,c％称为关联规则 A→B 的置信度,即条件概率 $P(B|A)$。

实例说明:以上述的啤酒和尿布问题为例,置信度就回答了这样一个问题——如果一个顾客购买啤酒,那么他也购买尿布的可能性有多大呢?在上述例子中,购买啤酒的顾客中有 50％的顾客购买了尿布,所以置信度是 50％。

（2）支持度（Support）

定义：设 W 中有 s％的事务同时支持物品集 A 和 B，s％称为关联规则 A→B 的支持度。支持度描述了 A 和 B 这两个物品集的交集 C 在所有事务中出现的概率，即 $P(A\cap B)$。

实例说明：某天，共有 100 个顾客到商场购买物品，其中有 15 个顾客同时购买了啤酒和尿布，那么上述关联规则的支持度就是 15％。

（3）期望置信度（Expected Confidence）

定义：设 W 中有 e％的事务支持物品集 B，e％称为关联规则 A→B 的期望置信度。期望置信度是指单纯的物品集 B 在所有事务中出现的概率，即 $P(B)$。

实例说明：如果某天共有 100 个顾客到商场购买物品，其中有 25 个顾客购买了尿布，则上述关联规则的期望置信度就是 25％。

（4）提升度（Lift）

定义：提升度是置信度与期望置信度的比值，反映了"物品集 A 的出现"对物品集 B 的出现概率造成了多大的影响。

实例说明：上述实例中，置信度为 50％，期望置信度为 25％，则上述关联规则的提升度为 2(50％/25％)。

3. 关联规则挖掘定义

给定一个交易数据集 T，找出其中所有支持度大于等于最小支持度、置信度大于等于最小置信度的关联规则。

有一个简单的方法可以找出所需要的规则，即穷举项集的所有组合，并测试每个组合是否满足条件。一个元素个数为 n 的项集的组合个数为 2^{n-1}（除去空集），所需要的时间复杂度明显为 $o(2^n)$。对于普通的超市，其商品的项集数在 1 万以上，用指数时间复杂度的算法不能在可接受的时间内解决问题。怎样快速挖掘出满足条件的关联规则是关联挖掘需要解决的主要问题。

仔细想一下，我们会发现对于｛啤酒→尿布｝、｛尿布→啤酒｝这两个关联规则的支持度实际上只需要计算｛尿布，啤酒｝的支持度，即它们交集的支持度。于是我们把关联规则挖掘分如下两步进行。

①生成频繁项集:这一阶段找出所有满足最小支持度的项集,找出的这些项集称为频繁项集。

②生成强规则:在上一步产生的频繁项集的基础上生成满足最小置信度的规则,产生的规则称为强规则。

6.2.2　FP－Tree 算法

FP－Tree 算法用于挖掘频繁项集。其中引入了三部分内容来存储临时数据结构。首先是项头表,记录所有频繁 1－项集(支持度大于最小支持度的 1－项集)的出现次数,并按照次数进行降序排列。其次是 FP 树,将原始数据映射到内存,以树的形式存储。最后是节点链表,所有项头表里的频繁 1－项集都是一个节点链表的头,它依次指向 FP 树中该频繁 1－项集出现的位置,将 FP 树中所有出现相同项的节点串联起来。

FP－Tree 算法首先需要建立降序排列的项头表,然后根据项头表中节点的排列顺序对原始数据集中每条数据的节点进行排序并剔除非频繁项,得到排序后的数据集。具体过程如图 6.1 所示。

数据	项头表		排序后的数据
	支持度大于20%		
ABCEFO	A:8		ACEBF
ACG	C:8		ACG
EI	E:8		E
ACDEG	G:5		ACEGD
ACEGL	B:2		ACEG
EJ	D:2		E
ABCEFP	F:2		ACEBF
ACD			ACD
ACEGM			ACEG
ACEGN			ACEG

图 6.1　项头表及排序后的数据集

建立项头表并得到排序后的数据集后,建立 FP 树。FP 树的每个节点由项和次数两部分组成。逐条扫描数据集,将其插入 FP 树,插入规则为:每条数据中排名靠后的作为前一个节点的子节点,如果有公用的祖先,则对应的公用祖先节点计数加 1。插入后,如果有新节点出现,则项头表对应的节点会通过节点链表链接上新节点。所有的数据都插入 FP 树后,FP 树的建立完成。图 6.2 展示了向 FP 树中插入第二条数据的过程,图 6.3 所示为构建好的 FP 树。

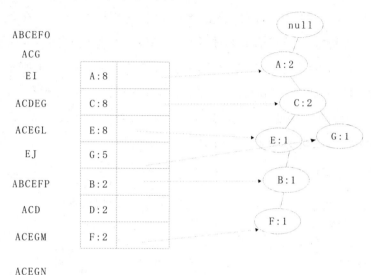

图 6.2　向 FP 树中插入第二条数据的过程

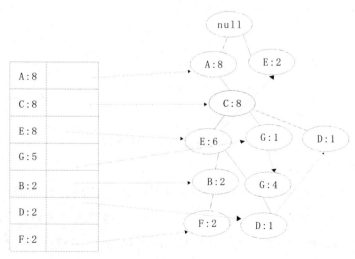

图 6.3　FP 树

得到 FP 树后,可以挖掘所有的频繁项集。从项头表底部开始,找到以该节点为叶子节点的子树,可以得到其条件模式基。基于条件模式基,可以递归发现所有包含该节点的频繁项集。以 D 节点为例,挖掘过程如图 6.4 所示。D 节点有两个叶子节点,因此首先得到的 FP 子树如图 6.4 左侧所示,接着将所有的祖先节点计数设置为叶子节点的计数,即变成{A:2,C:2,E:1,G:1,D:1,D:1}。此时 E 节点和 G 节点由于在条件模式基里面的支持度低于阈值而被删除了。最终在去除低支持度节点并不包括叶子节点后,D 节点的条件模式基为{A:2,C:2},如图 6.4 所示。通过它,我们很容易得到 D 节点的频繁 2－项集为{A:2,D:2}和{C:2,D:2}。递归合并频繁 2－项集,得到频繁 3－项集为{A:2,C:2,D:2}。D 节点对应的最大频繁项集为频繁 3－项集。

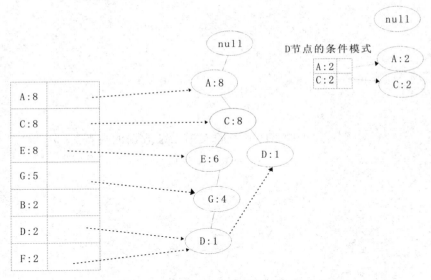

图 6.4　频繁项集挖掘过程

算法具体流程如下:

①首先扫描数据,得到所有频繁 1－项集的计数。然后删除支持度低于阈值的项,将频繁 1－项集放入项头表,并按照支持度降序排列。

②扫描数据,将读到的原始数据剔除非频繁 1－项集,并按照支持度降序排列。

③读入排序后的数据集,插入 FP 树。按照排序后的顺序进行插入,排序靠前的节点是祖先节点,而靠后的节点是子孙节点。如果有公用的祖先,则对应的公用祖先节点计数加 1。插入后,如果有新节点出现,则项头表对应的节点会通过节点链表链接上新节点。所有的数据都插入 FP 树后,FP 树的建立完成。

④从项头表的底部项依次向上找创项头表项对应的条件模式基、从条件模式基递归挖掘得到项头表项的频繁项集。

⑤如果不限制频繁项集的项数,则返回步骤④所有的频繁项集,否则只返回满足项数要求的频繁项集。

6.3 聚类分析

俗话说"物以类聚,人以群分",聚类分析是将物理或抽象对象的集合分组为由类似的对象组成的多个类的分析过程,它是一种重要的人类行为。

6.3.1 聚类分析基本概念

1.机器学习方法

机器学习是利用既有的经验,完成某种既定任务,并在此过程中不断改善自身性能。通常按照机器学习的任务,将其分为有监督的学习和无监督的学习两大类方法。

在监督学习中,训练样本包含目标值,学习算法根据目标值学习预测模型。无监督的学习倾向于对事物本身特性的分析。聚类分析属于无监督学习,训练样本的标签信息未知,通过对无标签样本的学习揭示数据内在的性质及规律,这个规律通常是样本间相似性的规律。

2.聚类分析

聚类分析是根据数据样本自身的特征,将数据集合划分成不同类别的过程,把一组数据按照相似性和差异性分为几个类别,其目的是使属于同一类别的数据间的相似性尽可能强,不同类别中的数据的相似性尽可能弱。聚类试图将数据集样本划分为若干个不相交的子集,每个子集称为一个"簇"(Cluster),这样划分出来的子集可能有一些潜在规律和语义信息,但是其规律是事先未知的,概念语义和潜在规律是在得到类别后分析得到的。

聚类分析中的"聚类要求"有以下两条:

①每个分组内部的数据具有比较大的相似性。

②组间的数据具有较大的差异性。

聚类分析的方法有很多种,由于它们衡量数据点远近的标准不同,具体可以分为以下三类:

①基于划分的聚类:把相似的数据样本划分到同一个类别,不相似的数据样本划分到不同的类别。这是聚类分析中最为简单、常用的算法。

②基于层次的聚类:不需要事先指定类簇的个数,根据数据样本之间的相互关系,构建类簇之间在不同表示粒度上的层次关系。

③基于密度的聚类:假设类簇是由样本点分布的紧密程度决定的,同一类簇中的样本连接更紧密。该算法可以发现不规则形状的类簇,最大的优势在于对噪声数据的处理上。

6.3.2 划分聚类方法

1.K-means 算法原理

K-means 算法是一种典型的基于划分的聚类算法。划分法的目的是将数据聚为若干簇,簇内的点都足够近,簇间的点都足够远。通过计算数据集中样本之间的距离,根据距离的远近将其划分为多个簇。K-means 首先需要假定划分的簇数 k,然后从数据集中任意选择 k 个样本作为该簇的中心。具体算法如下:

①从 n 个数据对象中任意选择 k 个对象作为初始聚类中心。

②计算在聚类中心之外的每个剩余对象与中心对象之间的距离,并根据最小距离重新对相应对象进行划分。

③重新计算每个"有变化的聚类"的中心,确定"新的聚类中心"。

④迭代第②和第③步,当每个聚类不再发生变化或小于指定阈值时,停止计算。

2. K-means 算法案例

扩展库 Sklearn. cluster 中的 K-means 类实现了 K-means 算法,其构造方法的语法格式如下:

def__init__(self,n_clusters=8,init='k-means++',n_init=10,max_iter=300,tol=1e-4,precompute_distances='auto',verbose=0,random_state=None,copy_x=True,n_jobs=1)

常用参数如表 6.2 所示,常用方法如表 6.3 所示。

表 6.2　K-means 类常用参数

参数名	说明
n_clusters	要分成的簇数也是要生成的中心数,整数型(int),默认值为 8
init	初始化的方法。'k-means++':选择相互距离尽可能远的初始聚类中心来加速算法的收敛过程,'random':随机选择数据作为初始的聚类中心
n_init	设置 K-means 算法使用不同的中心种子运行的次数,默认值为 10
max_iter	设置 K-means 算法单次运行的最大迭代次数,默认值为 300
tol	容忍的最小误差,当误差小于 tol 就会退出迭代
precompute_ distances	参数会在空间和时间之间做权衡。'auto':默认值,数据样本大于 featurs * samples 的数量大于 1200 万则不预计算距离;True:总是预计算距离;False:永不预计算距离
verbose	是否输出详细信息,默认值 False
random_state	随机生成器的种子,和初始化中心有关,默认值 None
copy_x	是否对输入数据继续 copy 操作,默认值 True
n_jobs	使用进程的数量,与计算机的 CPU 有关,默认值 1

表 6.3　K－means 类常用方法

方法	功能
fit(self,X,y＝None)	计算 K－means 聚类,其中参数 X 为训练数据,参数 y 可以不提供
fit_predict(self,X,y＝None)	计算聚类中心并预测每个样本的聚类索引
fit_transform(self,X,y＝None)	计算聚类并把 X 转换到聚类距离空间
predice(self,X)	预测 X 中每个样本所属的最近聚类
score(self,X,y＝None)	模型评分

6.3.3　层次聚类方法

1. AGNES 算法原理

AGNES 是一种单连接凝聚层次聚类方法,采用自底向上的方法,先将每个样本看成一个簇,然后每次对距离最短的两个簇进行合并,不断重复,直到达到预设的聚类簇个数。

使用 AGNES 算法对下面数据集进行聚类,以单连接计算簇间的距离。刚开始共有 5 个簇:$C_1=\{A\}$,$C_2=\{B\}$,$C_3=\{C\}$,$C_4=\{D\}$,$C_5=\{E\}$。初始簇间的距离如表 6.4 所示。

表 6.4　初始簇间的距离

样本点	A	B	C	D	E
A	0	0.3	2.1	2.5	3.2
B	0.3	0	1.7	2	2.4
C	2.1	1.7	0	0.6	0.8
D	2.5	2	0.6	0	1
E	3.2	2.4	0.8	1	0

第 1 步,簇 C_1 和簇 C_2 的距离最近,将两者合并,得到新的簇结构:$C_1=\{A,B\}$,$C_2=\{C\}$,$C_3=\{D\}$,$C_4=\{E\}$。合并后的簇间距离如表 6.5 所示。

表 6.5　第 1 步合并后簇间距离

样本点	AB	C	D	E
AB	0	1.7	2	2.4
C	1.7	0	0.6	0.8
D	2	0.6	0	1
E	2.4	0.8	1	0

第 2 步,接下来簇 C_2 和簇 C_3 的距离最近,将两者合并,得到新的簇结构:$C_1 = \{A, B\}$,$C_2 = \{C, D\}$,$C_3 = \{E\}$。合并后的簇间距离如表 6.6所示。

表 6.6　第 2 步合并后簇间距离

样本点	AB	CD	E
AB	0	1.7	2.4
CD	1.7	0	0.8
E	2.4	0.8	0

第 3 步,接下来簇 C_2 和簇 C_3 的距离最近,将两者合并,得到新的簇结构:$C_1 = \{A, B\}$,$C_2 = \{C, D, E\}$。合并后的簇间距离如表 6.7 所示。

表 6.7　第 3 步合并后簇间距离

样本点	AB	CD
AB	0	1.7
CDE	1.7	0

第 4 步,最后簇 C_1 和簇 C_2 的距离最近,将两者合并,得到新的簇结构:$C_1 = \{A, B, C, D, E\}$。AGNES 聚类过程示意如图 6.5 所示。

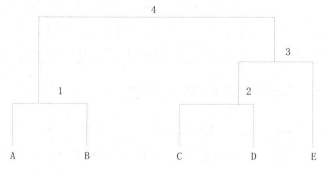

图 6.5　AGNES 聚类过程示意

2. AGNES 算法案例

扩展库 Sklearn.cluster 中提供了分层聚类算法 Agglomerative Clustering,其构造方法的语法格式如下:

def__init__(self,n_clusters=2,affinity='euclidean',memory=None,connectivity=None,compute_full_tree='auto',linkage='ward',pooling_func=<functionmean>)

常用参数如表6.8所示,常用方法如表6.9所示。

表6.8 Agglomerative Clustering 类常用参数

参数名	说明
n_clusters	指定分类簇的数量,整数
affinity	一个字符串或者可调用对象,用于计算距离。可以为:'euclidean'、'11'、'12'、'mantattan'、'cosine'、'precomputed',如果 linkage='ward',则 affinity 必须为'euclidean'
memory	用于缓存输出的结果,默认为不缓存
connectivity	一个数组或者可调用对象或者 None,用于指定连接矩阵
compute_full_tree	当训练了 n_clusters 后,训练过程就会停止,但是如果 compute_full_tree=True,则会继续训练从而生成一棵完整的树
linkage	一个字符串,用于指定链接算法。'ward':单链接 single-linkage,采用 dmindmin;'complete':全链接 complete-linkage 算法,采用 dmaxdmax;'average':均连接 average-linkage 算法,采用 davgdavg
pooling_func	一个可调用对象,它的输入是一组特征的值,输出是一个数

表6.9 Agglomerative Clustering 类常用方法

方法	功能
fit(self,X,y=None)	对数据进行拟合
get_params(self,deep=True)	返回估计器的参数
set_params(self,* * params)	设置估计器的参数
fit_predice(self,X,y=None)	对数据进行聚类并返回聚类后的标签

6.3.4 **基于密度的聚类方法**

1. DBSCAN 算法原理

具有噪声的基于密度的聚类算法 DBSCAN(Density-Based Spatial Clustering of Applications with Noise)是1996年提出的一种基于密度空

间的数据聚类算法。该算法将具有足够密度的区域划分为簇,并在具有噪声的空间数据库中发现任意形状的簇,它将簇定义为密度相连的点的最大集合。

该算法将具有足够密度的点作为聚类中心,即核心点,不断对区域进行扩展。该算法利用基于密度的聚类的概念,即要求聚类空间的一定区域内所包含对象(点或其他空间对象)的数目不小于某一给定阈值。

DBSCAN 算法的实现过程如下:

①通过检查数据集中每点的 Eps 邻域(半径 Eps 内的邻域)来搜索簇,如果点 p 的 Eps 邻域包含的点多于 MinPts 个,则创建一个以 p 为核心对象的簇。

②迭代地聚集从这些核心对象直接密度可达的对象,这个过程可能涉及一些密度可达簇的合并(直接密度可达是指:给定一个对象集合 D,如果对象 p 在对象 q 的 Eps 邻域内,而 q 是一个核心对象,则称对象 p 为对象 q 直接密度可达的对象)。

③当没有新的点添加到任何簇时,该过程结束。

其中,Eps 和 MinPts 即需要指定的参数。

2. DBSCAN 算法案例

扩展库 Sklearn. cluster 实现了 DBSCAN 聚类算法,其构造方法的语法格式如下:

def __init__(self,eps=0.5,min_samples=5,metric='euclidean',metric_params=None,algorithm='auto',leaf_size=30,p=None,n_jobs=1)

常用参数如表 6.10 所示,常用方法如表 6.11 所示。

表 6.10　DBSCAN 类常用参数

参数名	说明
ps	用来设置邻域内样本之间的最大距离,如果两个样本之间的距离小于 eps,则认为属于同一个领域。参数 eps 的值越大,聚类覆盖的样本越多
min_samples	用来设置核心样本的邻域内样本数量的阈值,如果一个样本的 eps 邻域内样本数量超过 min_samples,则认为该样本为核心样本。参数 min_samples 的值越大,核心样本越少,噪声越多
metric	最近邻距离度量参数
algorithm	用来计算样本之间的距离和寻找最近样本的算法,可用的值有'auto'、'ball_tree'、'kd_tree'或'brute'
leaf_size	传递给 BallTree 或 cKDTree 的叶子大小,会影响树的构造和查询速度以及占用内存的大小
P	用来设置使用闵科夫斯基距离公式计算样本距离时的幂

表 6.11　DBSCAN 类常用方法

方法	功能
fit（self, X, y = None, sample _ weight = None）	对数据进行拟合,如果构造 DBSCAN 聚类器时设置了 metric＝'precomputed',则要求参数 X 为样本之间的距离数组
fit_ predict（self, X, y = None, sample _ weight＝None）	对 X 进行聚类并返回聚类标签

6.4　回归分析

回归分析是一种预测性的建模分析技术,它通过样本数据学习目标变量和自变量之间的因果关系,建立数学表示模型,基于新的自变量,此模型可预测相应的目标变量。

6.4.1　回归分析基本概念

回归分析是以找出变量之间的函数关系为主要目的的一种统计分析方法。需要注意的是,函数关系和相关关系是两个不同的概念。

①在函数关系 y＝f(x)中,自变量(解释变量)x 和因变量(被解释变量)y 之间必须存在以下关系:如果 x 确定一个值,y 就有唯一的一个值与

x 对应。

②如果一个 x 值对应多个 y 值,不能称之为函数关系,只能认为 x 和 y 之间存在相关关系。

换句话说,回归分析就是对具有相关关系的两个或两个以上变量之间数量变化的一般关系进行测定,确立一个相应的数学表达式,以便从一个已知量来推测另一个未知量,为估算预测提供一个重要方法。常用的回归方法有线性回归、逻辑回归和多项式回归。

6.4.2　线性回归

1. 线性回归(Linear Regression)算法原理

线性回归是一种用来对若干输入变量与一个连续的结果变量之间关系建模的分析技术,其假设输入变量与结果变量之间的关系是一种线性关系。线性回归模型的任务是通过基于变量的数值,解释并预测因变量。如果只考虑一个自变量的情况,则线性回归的目标就是寻找一条直线,使得给定一个自变量值可以计算出因变量的值。

线性回归问题中预测目标是实数域上的数值,优化目标简单,是最小化预测结果与真实值之间的差异。样本数量为 m 的样本集,特征向量 $X = \{x_1, x_2, \cdots, x_m\}$,对应的回归目标 $y = \{y_1, y_2, \cdots, y_m\}$。线性回归则是用线性模型刻画特征向量 X 与回归目标 y 之间的关系:

$$f(x_i) = w_1 x_{i1} + w_2 x_{i2} + \cdots + w_n x_{in} + b$$

使得 $f(x_i) \cong y_i$,关于 w 和 b 的确定,其目标是使 $f(x_i)$ 和 y_i 的差别尽可能小。如何衡量两者之间的差别呢? 在回归任务中常用的标准为均方误差。基于均方误差最小化的模型求解方法称为最小二乘法,即找到一条直线使样本到直线的欧式距离最小。基于此思想,损失函数 L 可以被定义为

$$L(w, b) = \sum_{i=1}^{m} (y_i - w^T x_i - b)^2$$

求解 w、b 使得损失函数最小化的过程,称为线性回归模型的最小二乘"参数估计"。

以上则为最简单形式的线性模型,但是可以有一些变化,可以加入一个可微函数 g,使得 y 和 f(x)之间存在非线性关系,形式如下:

$$y_i = g^{-1}(w^T x_i + b)$$

这样的模型被称为广义线性模型,函数 g 被称为联系函数。

2. 线性回归(Linear Regression)算法案例

使用扩展库 Sklearn. linear_model 模块中拥有可以直接使用的线性回归模型(Linear Regression),只需要将数据集导入,然后放入模型进行训练。采用 Sklearn 进行多元回归模型的构建只需以下步骤:

①获取数据集:Sklearn 库的 datasets 包含 Boston 数据集,直接导入即可。

②构建多元回归模型:导入 Linear Regression,采用 cross_cal_predict 进行十折交叉验证并返回预测结果。

③预测结果与结果可视化:采用 matplotlib 绘制预测值与真实值的散点图,并使用 matplotlib. pyplot. show()演示。

6.4.3　逻辑回归

1. 逻辑回归(Logistic Regression)算法原理

线性回归模型的先决条件是所有的变量都是连续变量,随着自变量 x 的增加,因变量 y 也会增加。假设需要预测普通的中产阶级是否买得起房的问题,在这种情况下因变量是离散的,因变量只有买得起和买不起两个值。那么采用 Logistic 回归就可以用来基于自变量预测因变量的可能性,所以逻辑回归本身并不是回归算法而是分类算法。

逻辑回归基于逻辑函数 f(x),如下式所示。

$$F(y) = \frac{e^y}{1 + e^y}, -\infty < y < +\infty$$

当 y→∞时,f(y)→1,当 y→ −∞时,f(y)→0,逻辑函数 f(y)的值随着 y 值增大而增大,且在 0～1 之间变化。

因为逻辑函数 f(y)的取值范围是(0,1),所以可以用来作为某一特定

结果的概率值,随着 y 值的增加,f(y)值代表的概率也会增加。在逻辑回归中,令 y 表示因变量的一个线性函数:

$$y_i = w_0 + w_1 x_1 + w_2 x_2 + \cdots + w_n x_n$$

而基于自变量 $x_1, x_2, \cdots, x_n$,事件发生的概率 p 为

$$p(x_1, x_2, \cdots, x_d) = f(y) = \frac{e^y}{1+e^y}$$

线性回归中 y 代表因变量,而在逻辑回归中 f(y)代表因变量(通常只取 0 或 1),y 只是作为一个中间结果,不能被直接观察到。若用 p 表示 f(y),则公式可重写为

$$\ln\left(\frac{p}{1-p}\right) = y = w_0 + w_1 x_1 + w_2 x_2 + \cdots + w_n x_n$$

通过这种方式将其由非线性转换为线性,然后计算出最优的 $w_0, w_1, \cdots, w_n$,得到逻辑回归模型。

2. 逻辑回归(Logistic Regression)算法案例

扩展库 Sklearn. linear_model 中的 Logistic Regression 类实现了逻辑回归算法,其构造方法的语法格式如下:

def__init__(self, penalty='12', dual=False, tol=0.0001, C=1.0, fit_intercept=True, intercept_scaling=1, class_weight=None, random_state=None, solver='warn', max_iter=100, multi_class='warn', verbose=0, warm_start=False, n_jobs=None)

常用参数如表 6.12 所示,常用方法如表 6.13 所示。

表 6.12　Logistic Regression 类常用参数

参数名	说明
penalty	用来指定惩罚时的范数,默认为'12',也可以为'11',但求解器'newton-cg'、'sag'和'lbfgs'只支持'12'
C	用来指定正则化强度的逆,必须为正实数,值越小表示正则化强度越大(这一点和支持向量机类似),默认值为 1.0
solver	用来指定优化时使用的算法,该参数可用的值有'newton-cg'、'lbfgs'、'liblinear'、'sag'、'saga',墨认值为'liblinear'

表 6.13　Logistic Regression 类常用方法

方法	功能
fit（self，X，y，sample_weight＝None）	根据给定的训练数据对模型进行拟合
predict_log_proba(self,X)	对数概率估计,返回的估计值按分类的标签进行排序
predict_proba(self,X)	概率估计,返回的估计值按分类的标签进行排序
predict(self,X)	预测 x 中样本所属类的标签
score（self，X，y，sample_weight＝None）	返回给定测试数据和实际标签匹配的平均准确率
densify(self)	把系数矩阵转换为密集数组格式
sparsify(self)	把系数矩阵转换为稀疏矩阵格式

6.4.4　多项式回归

1. 多项式回归（Polynomial Regression）算法原理

一般线性回归中,使用的假设函数是一元一次方程,也就是二维平面上的一条直线。但是很多时候可能会遇到直线方程无法很好地拟合数据的情况,这时可以尝试使用多项式回归。多项式回归中,加入了特征的更高次方(如平方项或立方项),也相当于增加了模型的自由度,用来捕获数据中非线性的变化。

在多项式回归中,最重要的参数是最高次方的次数。设最高次方的次数为 n,且只有一个特征时,其多项式回归的方程如下式所示。

$$y＝b_0＋b_1x＋b_2x^2＋\cdots＋b_nx^n$$

如果令 $x_0＝1$,在多样本的情况下,可以写成向量化的形式:

$$y＝X\cdot\theta$$

式中,X 是大小为 $m\times(n＋1)$ 的矩阵,θ 是大小为 $(n＋1)\times1$ 的矩阵。在这里虽然只有一个特征 x 以及 x 的不同次方,但是也可以将 x 的高次方当作一个新特征。与多元回归分析唯一不同的是,这些特征之间是高度相关的,而不是通常要求的那样是相互对立的。

2. 多项式回归（Polynomial Regression）算法案例

扩展库 Sklearn. preprocessing 中的 Polynomial Regression 类实现

了多项式回归算法,其构造方法的语法格式如下:

def__init__(self,degree＝2,＊,interaction_only＝False,include_b

常用参数如表 6.14 所示,常用方法如表 6.15 所示。

表 6.14 Polynomial Regression 类常用参数

参数名	说明
degree	多项式阶数,默认为 2
interaction_only	默认是 false,如果值为 true,则会产生相互影响的特征集
include_bias	是否包含偏差标识,默认是 true
order	密集情况下输出数组的阶数,默认"C","F"计算速度更快,但可能会减慢后续估算器的速度

表 6.15 Logistic Regression 类常用方法

方法	功能
fit(X[,y])	计算输出特征的数量
fit_transform(X[,y])	适应数据,然后对其进行转换
get_feature_names([input_features])	返回输出要素的名称
get_params([deep])	获取此估计器的参数
set_params(＊＊params)	设置此估计器的参数
transform(X)	将数据转换为多项式特征

参考文献

[1]蔡永勇.大数据时代下计算机电子信息处理技术[J].中国新通信，2021(22):57－58.

[2]陈海宇."大数据"时代背景下计算机信息处理技术的探讨[J].计算机产品与流通，2020(5):6.

[3]陈莹.大数据时代背景下计算机信息处理技术的相关研究[J].数字通信世界，2019(4):46.

[4]崔莉.大数据时代的计算机信息处理技术[J].数字技术与应用，2020(5):117－118.

[5]丁洁.大数据时代独立学院计算机基础网络教学资源建设与应用研究[J].无线互联科技，2017(11):72－73.

[6]段红霞."大数据"时代的计算机安全信息处理技术研究[J].数码世界，2018(6):20－21.

[7]高杨.大数据时代的计算机信息处理技术[J].科技风，2017(25):69.

[8]黄梅兰.基于大数据时代计算机信息处理技术浅析[J].科教导刊(电子版)，2019(22):280.

[9]蒋卫祥.大数据时代计算机数据处理技术探究[M].北京:北京工业大学出版社，2019.

[10]金童铭."大数据"时代背景下计算机信息处理技术[J].消费导刊，2019(21):31.

[11]李本凌，陈小娟，唐璟.大数据时代的计算机信息处理技术[J].无线互联科技，2020(6):158－159.

[12]李江鹏.大数据时代计算机信息处理技术分析——评《大学计算机与数据处理》[J].电镀与精饰，2020(8):50.

[13]李凯敏."大数据"时代背景下计算机信息处理技术分析[J].品牌研究,2020(12):210.

[14]刘知远,崔安欣,等.大数据智能互联网时代的机器学习和自然语言处理技术[M].北京:电子工业出版社,2016.

[15]骆海玉.大数据时代的计算机信息处理技术[J].电子技术与软件工程,2017(9):173.

[16]莫文水.大数据时代计算机信息处理技术研究[J].现代经济信息,2019(6):369－370.

[17]穆明英.大数据时代计算机信息处理技术分析[J].电脑校园,2021(12):44－45.

[18]宋俊苏.大数据时代下云计算安全体系及技术应用研究[M].长春:吉林科学技术出版社,2021.

[19]孙家泽,王曙燕.数据挖掘算法与应用[M].北京:清华大学出版社,2020.

[20]王嘉.大数据时代背景下的计算机信息处理技术探究[J].信息记录材料,2019(2):51.

[21]王丽霞.大数据时代下计算机电子信息处理技术研究[J].IT经理世界,2020(12):3.

[22]危珊,高俊."大数据"背景下的计算机信息处理技术研究[J].数字技术与应用,2016(7):100.

[23]伍永锋.基于大数据时代的计算机信息处理技术研究[J].信息通信,2020(2):174－176.

[24]谢盛嘉.计算机信息处理技术在"大数据"时代的应用[J].数码世界,2020(2):4.

[25]邢立波.大数据时代计算机信息处理技术分析[J].信息与电脑(理论版),2020(24):27－29.

[26]胥颖,周畅.大数据时代背景下计算机信息处理技术研究[J].科学技术创新,2019(35):82－83.

[27]徐军.计算机软件技术在大数据时代的应用研究[J].数字通信世界,2020(1):227.

[28]宣敏.对大数据时代下计算机信息处理技术的探析[J].电脑知识与技术,2018(8):239－240,245.

[29]薛亚.基于大数据的计算机信息处理技术研究[J].电脑知识与技术,2016(34):21－22.

[30]晏莉娟.现代教育技术与数据挖掘[M].沈阳:辽海出版社,2018.

[31]杨林伟.数字时代下的计算机辅助语言教学理论与实践[M].济南:山东人民出版社,2015.

[32]余萍.互联网＋时代计算机应用技术与信息化创新研究[M].天津:天津科学技术出版社,2021.

[33]袁东锋.大数据时代的计算机信息处理技术探究[J].数码世界,2018(10):175.

[34]张晨.云数据中心网络与SDN技术架构与实现[M].北京:机械工业出版社,2018.

[35]张诚诚.大数据时代下计算机信息处理技术研究[J].计算机产品与流通,2019(11):169.

[36]张轲.大数据时代计算机信息处理技术分析[J].电脑知识与技术,2017(25):6－7.

[37]张玲玲.论大数据时代计算机信息处理技术[J].中国管理信息化,2020(5):182－183.

[38]张平,姜荣,王银虎,等.大数据时代背景下计算机信息处理技术探究[J].信息技术时代,2022(2):104－106.

[39]赵晓霞.计算机基础教学的现状和发展趋势研究[M].北京:冶金工业出版社,2019.

[40]赵智慧.计算机信息处理技术在大数据时代的应用[J].电脑校园,2021(3):1277.

[41]朱耀勤.基于"大数据"时代的计算机信息处理技术[J].中国新通信,2019(14):27－28.